总能让你赢的心理测试和心理游戏

洪波 / 编著

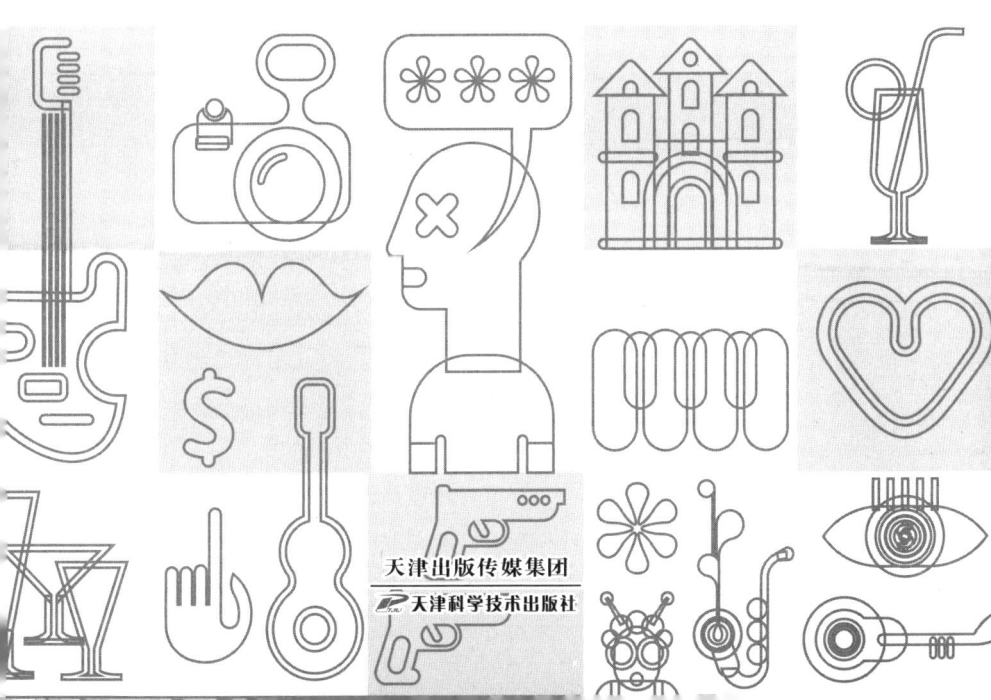

天津出版传媒集团

天津科学技术出版社

图书在版编目（CIP）数据

总能让你赢的心理测试和心理游戏 / 洪波编著 . -- 天津 : 天津科学技术出版社, 2021.7
　　ISBN 978-7-5576-9183-7

Ⅰ . ①总… Ⅱ . ①洪… Ⅲ . ①心理测验 Ⅳ .
① B841.7

中国版本图书馆 CIP 数据核字（2021）第 084490 号

总能让你赢的心理测试和心理游戏
ZONG NENG RANGNI YING DE XINLI CESHI HE XINLI YOUXI
策 划 人：杨　譞
责任编辑：张　萍
责任印制：兰　毅
出　　版：天津出版传媒集团
　　　　　天津科学技术出版社
地　　址：天津市西康路 35 号
邮　　编：300051
电　　话：（022）23332490
网　　址：www.tjkjcbs.com.cn
发　　行：新华书店经销
印　　刷：北京市松源印刷有限公司

开本 880×1 230　1/32　印张 8　字数 190 000
2021 年 7 月第 1 版第 1 次印刷
定价：36.00 元

PREFACE 前言

　　闲来无事，做做心理测试和心理游戏是一种好玩的消遣。这些题目都比较有意思，带着一种"好玩"的心情去做游戏，如果答案和自己想的一样，就会特别高兴；要是觉得不太准，也可以权当一种精神上的放松。一般情况下，这些测试和游戏都比较善意，即使批评，也相当婉转，给玩游戏者带来一定的激励和启示。由于我们处于竞争环境中，因此总是渴望有人能与自己倾诉交流，而丰富细腻、有理又有情趣的测试和游戏，会让我们感觉好像有人走进我们的心里，在细细询问和呵护着我们的精神世界。实际上，心理测试和心理游戏还是一种弥补自己缺点的好方法。明智的人在做心理测试和心理游戏的时候总是试图从中追寻到自己生活和工作的影子，以此真正地了解自己、认知自己，为以后的事业累积必要的资本。

　　用休息的时间，做有趣的游戏，得到客观的答案！本

　　书内容涵盖了人生的方方面面，包括自我认知、性格透视、社交剖析、情商测试、智商比拼、财商解密……在测试题目的选取中，既考虑全面性，争取让读者通过心理测试和心理游戏对人生的不同侧面得到广泛认识，又注重差异性，避免出现因题目主题与方式雷同而让读者感到重复、无趣。同时，书中还配有哲理漫画，让读者在会心一笑中体会到心理学的意义。在轻松的阅读过程中，你会惊奇地发现，原来识己读人是如此简单！

　　在游戏中学习，在学习中娱乐，翻开本书，你将进行一次有趣的心灵之旅。希望本书能让你在轻松的游戏中了解内心深处的秘密，知道自己成败的关键，进而找准自己的方位，轻松应对人生难题。

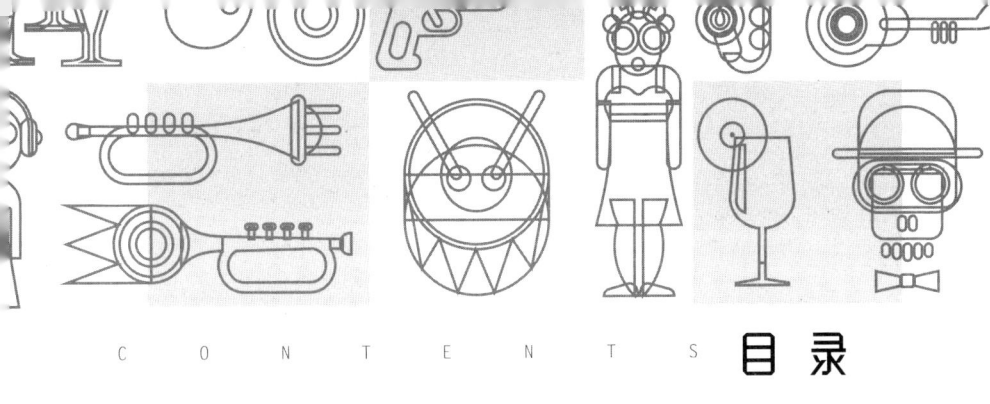

目录

上篇　心理测试

第一章
自我认知：知人者智，自知者明

1. 认识另一个自己 ...002

2. 看破你的自我意识 ...003

3. 你的弱点在哪里 ...004

4. 座位透露你的性格 ...005

5. 你是一个有责任感的人吗 ...006

6. 花朵代表的心理状态 ...008

7. 你和他人的关系如何 ...010

8. 你是"自我"的人吗 ...011

9. 你是一个善于沟通的人吗 ...012

10. 扑克牌掩藏的内心秘密 ...014

11. 选择与放弃 ...015

12. 你的戒备心强吗 ...016

13. 面对内心的"鬼" ...017
14. 你是否是一个有心计的人 ...019
15. 你在哪方面最输不起 ...020
16. 你的优点在哪里 ...022
17. 性格是"急"还是"慢" ...023
18. 自信指数测试 ...026
19. 猜拳看性情 ...027
20. 美食中的个性 ...028
21. 测试下你心理有多幼稚 ...030
22. 你的自恋情结有多重 ...031

第二章
社交剖析：你是否是社交高手

23. 社交心理成熟度 ...033
24. 你是否是一个合群的人 ...035
25. 你能和朋友融洽相处吗 ...036
26. 测测你是哪种交际类型 ...037
27. 面对不喜欢的人怎么办 ...040
28. 你的人际关系及格吗 ...041
29. 你的人际关系优势在哪 ...042
30. 人际交往协调能力鉴定 ...043
31. 测测你对陌生人的防范意识 ...047
32. 你是难以接近的人吗 ...049

33. 你容易相处吗 ...050

34. 你有社交恐惧症吗 ...051

35. 你是一个受欢迎的人吗 ...053

36. 你受异性欢迎吗 ...055

37. 你在朋友中是什么印象 ...058

38. 外向与内向的测试 ...059

39. 测测你的自信指数 ...061

40. 你容易得罪人吗 ...062

41. 你会被排挤吗 ...064

第三章
智商和情商测试：把握你的人生格局

42. 空间判断能力测试 ...066

43. 专注力测试 ...067

44. 弗雷泽螺旋 ...068

45. 24点游戏 ...069

46. 思维模式测试 ...071

47. 你具有创新思维吗 ...073

48. 德国逻辑思考学院测试题 ...074

49. 思维定式 ...075

50. 脑筋换换换 ...077

51. 心理健康指数测试 ...078

52. 你有焦虑情绪吗 ...080

53. 积极情绪影响测试量表 ...083

54. 你会正面发泄愤怒吗 ...084

55. 你的情绪化指数 ...085

56. 情绪紧张度测试 ...087

57. 你有偏执型情绪吗 ...089

58. 你的嫉妒心有多强 ...090

59. 人际关系中的情商衡量 ...092

60. 你有包容心吗 ...093

第四章
财富和健康测试：你幸福的基石有多牢

61. 测测你的金钱欲 ...096

62. 你有什么样的金钱观念 ...097

63. 你的理财能力如何 ...098

64. 你做怎样的发财梦 ...100

65. 你的理财盲点在哪里 ...102

66. 你适合哪种理财方式 ...103

67. 谁动了你的钱 ...104

68. 从吃鱼方式看你的花钱态度 ...106

69. 你做什么职业最赚钱 ...107

70. 三年后你是穷还是富 ...108

71. 你是个理性的投资者吗 ...109

72. 财神何时到你家 ...110

73. 你未来的财富看涨指数 ...113

74. 你的发财梦切合实际吗 ...114

75. 你从事什么职业容易发财 ...116

第五章
职场成功系数：你能拥有多大一块奶酪

76. 成功欲求的心理倾向 ...118

77. 会不会成为大人物 ...120

78. 测试你的事业成功率 ...121

79. 你是否善于抓住创业机会 ...122

80. 你有成名的本钱吗 ...123

81. 事业心测试 ...124

82. 成功的要素中你缺哪一项 ...126

83. 你会取得多大的成就 ...127

84. 你的危机意识有多强 ...129

85. 你的成功动机有多强 ...130

86. 你渴望成为一名领导者吗 ...131

87. 你具备做领导的潜质吗 ...133

88. 你是否具有决策力 ...135

89. 测测你的谈判能力 ...137

90. 危机应对能力测试 ...138

第六章
恋爱与婚姻：幸福生活需要经营

91. 你对爱人有什么期望 ...140

92. 你分得清"喜欢"和"爱"吗 ...141

93. 你的爱情何时到来 ...143

94. 从穿鞋看男人类型 ...145

95. 让你恋爱失败的原因 ...147

96. 考验他的真诚 ...149

97. 你最大的感情失误是什么 ...150

98. 你在谈恋爱时会有多自私 ...152

99. 你最可能遇到的情敌类型 ...153

100. 你会不会旧情难忘 ...155

101. 你会爱上哪一种人 ...156

下篇　心理游戏

第一章
透析人性游戏：了解你的人性弱点

1. 听与说 ...158

2. 虚荣心强 ...159

3. 动　机 ...162

4. 追求完美 ...164

5. 奖励的妙处 ...166

6. 小丑精神 ...168

7. 突 围 ...169

8. 倒着说 ...170

9. 做,还是不做 ...171

10. 塞翁失马 ...173

11. 整体决策 ...176

12. 勇于承担责任 ...177

13. 写下你的墓志铭 ...178

14. 幸福清单 ...180

15. 黑白诱惑 ...181

第二章
智商游戏:给你的智商打打分

16. 头脑风暴 ...184

17. 应答自如 ...185

18. 预测后果 ...187

19. 玩转文字 ...188

20. 迷宫探宝 ...190

21. 海盗分金 ...192

22. 快速记词 ...195

23. 数数大挑战 ...197

24. 记忆关键字 ...198

25. 侦察敌情 ...200

26. 开火车 ...202

27. 抢凳子 ...203

28. 气体举重 ...204

29. 画图表意 ...205

第三章
情商游戏：搬掉阻碍成功的绊脚石

30. 应聘技巧 ...207

31. 挪亚方舟 ...209

32. 聪明的囚犯 ...210

33. 联想记忆法则 ...212

34. 穿衣服 ...213

35. 暴风骤雨 ...214

36. 微笑面对"不可能" ...216

37. 一句感谢的话 ...217

38. 他人的祝福 ...218

39. 正面评价 ...220

40. 改变还是被改变 ...221

41. 生命线 ...223

42. 暗中寻宝 ...225

43. 乐 观 ...227

44. 踩尾巴 ...229

45. 善用注意力 ...231

46. 趣味记名法 ...232

47. "捧人"赛 ...233

48. 交换名字 ...235

49. 始作俑者 ...236

50. 敢于认错 ...238

上篇
心理测试

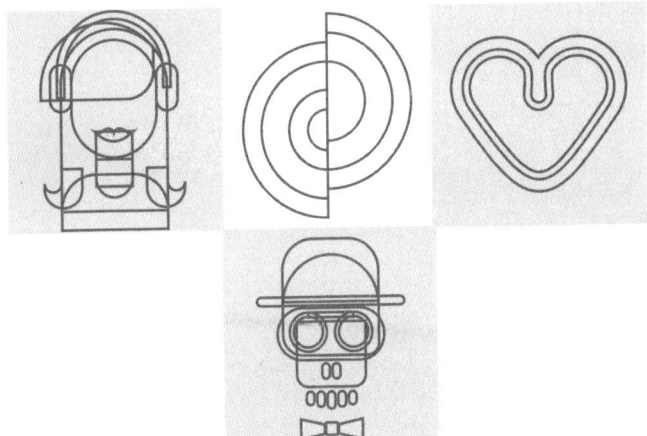

第一章
自我认知：知人者智，自知者明

1. 认识另一个自己

☆ **情景测试**

我们经常会产生这样的疑惑，我到底是怎样的一个人？我的那些感觉是怎么来的？其实对每个人来说最陌生的是自己，最熟悉的人还是自己，也许我们可以通过这样一个测试，用一朵儿时的小红花，来让你认识另一个自己。

1. 把自己带入到儿童时代，当你站在班级墙壁上的红花榜前，你是带着一种什么心态：

觉得无所谓，对是否获得小红花没有特别在意→A 类型

十分渴望获得小红花→2

2. 为了获得小红花，你会怎么做？

努力学习，以好成绩赢得老师的表扬→B 类型

通过各种课外活动获得老师和同学的认可→C 类型

贬低其他同学来抬高自己→D 类型

☆ **完全解析**

A 类型：你消极地对待目前的生活，缺乏合理的自我意识，并对这个社会的竞争不感兴趣。

B 类型：你自我意识正常，一般会适时主动地发挥自身优势去赢得社会的认可。

C 类型：你带有强烈的自我意识，有点儿以自我为中心，更加在意社会对自己的评价。

D 类型：你是极端自我的人，只有不断地被他人认同与赞美，才会有极大满足感。

2. 看破你的自我意识

☆ **情景测试**

在童话故事里，镜子带着神秘又强大的魔力，可以无所不知，无所不能。现在设想这样一个情节，当你走进一个陌生的房间里，而这个房间里摆放了各式各样的镜子，你最想在这个房间里看到怎样的场景呢？

A. 只有自己的影子，没有其他东西

B. 在离你很远的地方有几个游客在参观

C. 在你的周围有几个游客在参观

D. 你的周围聚集着很多参观的游客

☆完全解析

选择A：你是一个极其自我的人。强烈的自我意识已经占有了你全部的心思，你习惯于把自己当作注意的中心，其他人、事、物，很难让你提起兴趣。

选择B：你是一个自我意识与他人意识明确的人。你把自我与他人的界限定位十分清晰，你很注重给自己保留一定的自我空间。

选择C：你是一个保留部分自我意识的人，但更多的时候"自我"的观念不是太强烈，较容易受到他人意见的影响。

选择D：你是一个比较缺乏自我意识的人。你很害怕自己一个人，喜欢很多人一起待着，过分依赖人际关系，正因为这样，你经常因为别人的意见而改变自己的想法。

3. 你的弱点在哪里

☆情景测试

假设有一笔私房钱，不想让别人发现，你会藏在自己房间中哪个地方？

A. 电视机附近

B. 藏在床底下或附近

C. 藏在书中或书柜里

D. 藏在镜子后面

☆完全解析

选择A：你很希望受到大家的欢迎，也有着强烈的表现欲，因为如此，你过于在意别人的想法。

选择B：你是不是常常怀疑自己工作或日常生活中的决定？是否有着良好的生涯规划却迟迟无法实行？不自信，是你的症结。

选择C：你是不是经常犹豫迟疑，心中想了千百遍，却无法下定决心动起来？你需要增加行动力，相信你一定会有更好的表现！

选择D：你是不是觉得自己的外表并不起眼，甚至想过要采取整容等能使自己变美的方式呢？其实每个人都有他独特的气质，即便长得普普通通，也可让自己浑身散发着一股迷人的气息。

4. 座位透露你的性格

☆情景测试

一个人在选火车座位时的喜好不仅关乎可以看到怎样的风

景，也可以透露出一个人的性格。不信？那我们来做一个测试吧。

当你坐火车出差或旅游时，在不需要对号入座时，你会选择什么座位呢？

A. 靠窗的位置　　　　B. 靠过道的位置

C. 靠门的位置　　　　D. 中间的位置

☆**完全解析**

选择 A：你是一个喜欢有一定的时间和空间独处的人，内心表现欲很强，但有时候又可以把这种欲望隐藏起来。你在做事时略显冲动，热情来了会先行动后思考。

选择 B：你是一个自我保护意识很强的人，谨慎小心是你的风格，喜欢自由自在，不愿受到过多的约束。

选择 C：你是一个事业心强大的人，但你也讲究生活品质，不会只有事业而没有生活，不会为金钱疲于奔命。

选择 D：你是一个喜欢顺其自然的人，理想的生活状态就是悠闲自在，虽然也有对事物的好奇心，但一旦感觉对自己不利，就会十分理智地远离。

5. 你是一个有责任感的人吗

☆**情景测试**

你是那种没有责任感、每个妈妈都不放心让儿女与你交往的人吗？通过下面的测试，你可以看看你的责任感如何。每个题目你只需答"是"或"否"。

1. 与人约会，你通常准时赴约吗？
2. 你认为自己可靠吗？
3. 你会因未雨绸缪而储蓄吗？
4. 发现朋友犯法，你会通知警察吗？
5. 出外旅行，找不到垃圾桶时，你会把垃圾带回家去吗？
6. 你经常运动以保持健康吗？
7. 你不吃有害健康的食物吗？
8. 你永远先做正事，再做其他事情吗？
9. 你从来没有错过任何选举活动吗？
10. 收到别人的信，你总会在一两天内就回信吗？
11. "既然决定做一件事情，那么就要把它做好。"你相信这句话吗？
12. 交到你手里的事，你从来不会耽误，即使自己生病时也不例外吗？
13. 你曾经犯过法吗？

14. 在求学时代，你经常拖延交作业吗？

15. 小时候，你经常帮忙做家务吗？

☆计分方法

如果你回答"是"，请为自己计上1分，如果回答"否"，请为自己计上0分。

☆完全解析

10～15分

你是个非常有责任感的人，行事谨慎、懂礼貌、为人可靠并且诚实。

3～9分

大多数情况下，你都很有责任感，只是偶尔会率性而为，做事欠考虑。

0～2分

你是个完全不负责任的人。你一次又一次地逃避责任，造成每个工作都干不长，手上的钱也总是不够用。

6. 花朵代表的心理状态

☆情景测试

每个人都有自己偏爱的花朵和颜色，而这也代表了不同的心理状态。春天里来百花香，小小蜜蜂采蜜忙。假设你是一只快乐勤劳的小蜜蜂，正在花丛中采蜜，你会选择哪种颜色的花当第一个落脚点呢？

A. 白色的樱花　　　　　B. 粉红的蔷薇

C. 火红的玫瑰　　　　　D. 金色的郁金香

E. 青色的兰花　　　　　F. 忧郁的蓝玫瑰

G. 淡紫的薰衣草

☆完全解析

选择A：白色系的花代表着纯真和恬静。一般选择此类花的人，对生活要求也很低，希望一切简单化，保持着纯真自然。

选择B：粉红色系的花是钟情梦幻色彩的浪漫小女生的最爱，这类人通常对他人的关心超过了自己，细心体贴、温柔善良、待人和气是她们最吸引人的地方。

选择C：大红色系的花代表着张扬、奔放的个性，选择此色花的人多是性情中人，做事情注重自己的真实感受，也不善于掩饰自己的真情实感。

选择D：喜欢金黄色系的花的人独立自主、感情强烈。这类人比起常人更注重追求自己的理想，换个角度讲，这类人是不折不扣的理想主义者。

选择E：选择青色系的人通常处于矛盾状态，他介于成熟与不成熟之间，偏向感性。选择此色系花朵的人青涩、朴实，同时具有一定的潜力。

选择F：蓝色是忧郁的代名词，所以选择蓝色系的人通常缺少打破常规的勇气，但面对现状，比较积极、上进。

选择G：紫色代表高贵，选择紫色花朵的人无疑是自我满足或自我陶醉的人。相对于选择其他色彩的人来说更自我，也更高傲。

7. 你和他人的关系如何

☆ **情景测试**

这天晚上，你终于等到了期待已久的比赛，并花了不少钱买了一张入场券，你期待在球赛现场见到自己喜欢的球星。距离球赛还有一个小时，你正要从家里出发，刚好你的好朋友A打电话来，向你倾诉自己的遭遇，因为她今天被老板辞退了。这时候你是继续去看比赛，还是去安慰好朋友呢？

A. 二话不说地立刻赶到朋友家，安慰她。

B. 有点犹豫不知道如何是好，很想去看比赛，但在聊天过程中发现朋友的情绪很差，最后还是放弃了看比赛去她家陪她。

C. 在电话里劝说自己的朋友，使她情绪稳定下来，但告诉她你现在手头上有很重要的事，要过几个小时才能去陪她。

D. 直接在电话里告诉她你现在很忙，不能去看她，但是可以另找时间和她详谈。

☆ **完全解析**

选择A：你是一个很乐意帮助别人的人，在朋友需要的时候会马上挺身而出，但也往往会因此忽略了自己。

选择B：你很想保护自己，但又不愿意伤害自己的朋友，证明你在自己的利益与朋友的利益之间患得患失，犹豫不决。

选择C：你十分清楚自己的定位，知道自己要什么，很少会因为要去取悦别人而感情用事。遇到问题时，你懂得将自己和他人的利益进行平衡。

选择D：你活在自己的世界里，你是一个完全自我的人，你与他人之间有一条明显的界限。除了自己，几乎没有别的什么可以改变你的意志。

8. 你是"自我"的人吗

☆情景测试

在生活当中，一个比较"自我"的人会因为忽略他人的感受而遭遇到尴尬的处境，你是一个这样的人吗？快来做一个有趣的心理小测试来了解自己吧。

当你和朋友或其他人一起吃饭，在点菜的时候你会怎么做？

A. 只点自己想吃的菜，不管别人是否喜欢。

B. 跟着别人，别人点什么就是什么。

C. 先把自己的意愿表达出来。

D. 主动点菜，再咨询别人的意见，再做更改。

E. 点菜的时候犹豫不决，慢吞吞的。

F. 先让店员介绍一下菜式再点菜。

☆完全解析

选择A：你是个乐观派，生活中完全不拘小节。你做事果断但不计后果，在你看来，只要价格合适应该迅速做出决定。

选择B：你是从众型的，做事小心翼翼，缺乏自己的想法。你往往忽视了自我的存在，对自己没有自信，大概已经忘了自己可以做选择，常立刻赞同别人的意见。

选择C：你性格直爽、胸襟开阔，一些难以启齿的事也可以若无其事地表达出来。你待人不拘小节，为人磊落，即便有时说话刻薄了一点儿，也不会被人记恨。

选择D：你是小心谨慎的人。你给人最直接的印象是软弱、不堪一击，因为你想象力太丰富，在细节上过分讲究，缺乏掌握全局的意识。

选择E：你做事一板一眼，讲究安全第一。但有时候过分谨慎，过多考虑对方立场。在听取别人观点的同时，别忘了自己最真实的想法。

选择F：你自尊心强，最不能接受别人的指挥。做任何事都追求不同凡响，总是坚持自己的主张。你做事积极，在待人方面，懂得维护双方的面子。

9. 你是一个善于沟通的人吗

☆ 情景测试

善于沟通的人会有很多的成功机会，但并非人人都有这种本事，不过没关系，慢慢学习就是了。通过下面的测试，你不仅会知道自己是否是一个善于沟通的人，而且还会知道怎样做

才恰如其分。每个题目你只需要答"是"或"否"。

1. 和同事发生争执,你会不知不觉地提高音量吗?
2. 你叫得出公司里八成以上人的名字吗?
3. 看到讨厌的人,你会假装没看见吗?
4. 你和同事相处愉快吗?
5. 遇到不合理的事情,你会抗争到底吗?
6. 昨天才和你吵过架的人,今天你能愉快地跟他聊天吗?
7. 购物时遇到态度不好的店员,你会跟他起争执吗?
8. 同事帮你买错盒饭,你还是很感谢吗?
9. 和朋友出去玩,你会坚持自己的意见吗?
10. 保持和谐的状态是很重要的事吗?

☆ **计分方法**

以上问题,单数题答"是"者得0分,答"否"者得1分;双数题答"是"者得1分,答"否"者得0分。最后汇总得分。

☆ **完全解析**

0~4分

　　完全自我型。你是个以自我感受为主的人。这样的你，可以过得很随意，但面对团体生活时，难免会因为不懂得委屈自己，而招致许多不必要的麻烦。

5~7分

　　择善固执型。你较容易沟通，但是对某些你认为对的事情，还是十分坚持，认为总是保持微笑很辛苦。最好选择了解你的人当你的合作伙伴。

8~10分

　　善于沟通型。你是个左右逢源的人，这并不表示你很伪善，应该说你能将心中的不满隐忍下来，或者想办法化解，是个能和别人和谐相处的沟通高手。

10. 扑克牌掩藏的内心秘密

☆ **情景测试**

　　别看扑克牌很普通，它也可以揭示一个人内心的秘密！相传扑克牌是根据历法设计而成的，因为一年中有52个星期，所以一副扑克牌有52张。红桃、方块、草花、黑桃四种花色分别象征着春夏秋冬四个季节。

　　四种扑克的花样，你最喜欢哪一种？

　　A. 红桃　　B. 黑桃　　C. 方块　　D. 草花

☆ **完全解析**

选择 A：红桃象征着智慧和爱情。

选择 B：黑桃象征你希望安定。

选择 C：方块象征财富。

选择 D：草花象征运气。

11. 选择与放弃

☆ **情景测试**

有时选择意味放弃，而放弃又意味另一种选择。爱情征程从来没有一帆风顺，有时候总需要有一个人做出牺牲。所谓鱼和熊掌不可兼得，你是如何处理爱情中的矛盾呢？

有一天做梦，梦到一位友善的爷爷送你一棵仙草，嘱咐你要把它种下并保管好。在种好之后，你会把它放在：

A. 小花园里　　　　　　B. 自己房间的书桌上

C. 随身携带　　　　　　D. 藏在一个隐蔽的地方

☆ **完全解析**

选择 A：你的处世准则就是安身、立命而后成家，你非常看重自己的名声。

选择 B：你是个理智的人，你平时喜欢过有质量的精神生活，很难想象，如果没有了阅读和思考，你的生活该有多么空洞和无聊！

选择 C：你觉得自己的生命比较宝贵，可能你认为你在这个世界上比较重要。在你心中，健康休闲是第一位的！

选择D：你爱好广泛，对他人充满怀疑。你好奇心很强，又不希望别人知道自己的心思。如果别人干扰你的隐私，你就会非常介意。

12. 你的戒备心强吗

☆ **情景测试**

你是一个戒备心理很强的人吗？可以从这个测试看出你性格的另一面。

假设你正在沙漠中旅行，此时的太阳很强烈，你已经很口渴，又累又热，突然你看到前面有一片绿洲，只有一间小木屋，屋主不在，屋门是开的，恰好桌上摆着一杯你日思夜想的清水，这时候的你会怎么做：

A. 不管三七二十，一口喝下去。

B. 心里有一阵犹豫，但还是忍不住一口一口喝下去。

C. 想都不用想，坚决不喝。

D. 有所顾忌而不敢喝。

☆ **完全解析**

选择A：你对人没有什么防备心，不谙世事，对陌生人也坦诚相待，一如知己。

选择B：你是个有点儿阅历的人，看问题有自己的见解，也能够坚持自己的想法。

选择C：你是一个没有安全感的人，对周围的人充满了警惕心，丝毫不相信别人。

选择D：你对自己很没有自信，很多事情宁愿交给别人判断。

13. 面对内心的"鬼"

☆情景测试

每个人内心深处都隐藏着自己不敢面对的"鬼"，它无时无刻不在影响着你的生活。你想知道在自己心灵深处住的是什么样的鬼吗？做一做下面的小测试就知道了。

有一天，一只大肥猪和一只小瘦猪在森林里遇到了一只大灰狼，你觉得这个故事怎么接下去比较合理呢？

A. 大肥猪吓唬小瘦猪说："大灰狼要吃掉你啦！"

B. 小瘦猪害怕地对大灰狼说："别吃我，我又瘦又小，大肥猪才可以做出更多的肉肠。"

C. 大肥猪对小瘦猪说："别怕，我可以保护你，我又大又壮。"

D. 大肥猪和小瘦猪都被大灰狼吃了！

E. 它们三个其实是好朋友。

☆ **完全解析**

选择A：你内心里的"鬼"是一个有霸权主义的将军。无论你平时给别人的感觉是多么温顺，内心的你都是一个充满优越感的人。你是一个自信的人，在某些方面你甚至觉得自己比别人优越很多，你就算帮助别人时也想展现自己的这种优越感。

选择B：你内心里的"鬼"是一个胆小怯懦的小女孩。你是一个缺乏安全感的人，经不起任何的突发状况，一旦发生异常状态就会忧郁不安很长时间。为了保护自己，你的思想和行为也容易因为害怕而变得具有攻击性。

选择C：你内心里的"鬼"是一个乐观、具有正义感的"英雄"。你希望这个世界是公平的，你也承认世界上美好和邪恶并存，而且相信通过自己和大家的努力，邪恶也能被消灭。因此在日常生活中，你积极努力去争取，不容易放弃！

选择D：你内心里的"鬼"是一个老成持重的老人。你有着和年龄不相称的成熟，有自己的一套惯性思维来看待进行中的事物。有时候会因为悲观的预测，而放弃努力的机会；有时候遇到喜欢的东西，也会把它当作是"无理要求"而压抑自己的情感。

选择E：你内心里的"鬼"是一个天真乐观的小孩。你就像一个天真无邪的小孩一样，对这个世界充满乐观和积极。你希望所有邪恶的事物都被美好所感化，所以，你对他人是真诚的，没有任何防备之心。

14. 你是否是一个有心计的人

☆ 情景测试

你看过TVB的《宫心计》吗？里面一个个玩弄心计的坏人是不是让你觉得咬牙切齿？而现实中的你是不是一个有心计的人呢？做做下面的测试就知道啦。

以下哪个活动是你觉得春节一定要做的？

A. 贴春联　　B. 拜年　　C. 讨红包　　D. 团圆饭

☆ 完全解析

选择A：心计指数15%。你是一个心胸光明的人，在你的心中，一个人如果善于玩弄心计就不是一个光明磊落的人，你唾弃别人这么做，你自己也不会做。你做人、做事都是规规矩矩，按自己的能力来，特别讨厌那些见不得人的小动作。你本着诚实、豁达对人对事，是难能可贵的品质，但你要知道，社会上不是每个人都这么善良，不是人人都值得以礼相待的，你要小心从背后射过来的冷箭。

选择B：心计指数30%。你是一个天真无邪的人，有时候你会觉得玩点儿小心机也不错，但你在这方面的确不是能手，想的计谋脱离实际，基本没有可操作性，而且执行过程中还沉不住气，三两下就露了自己的底。劝你还是不要和别人玩这一套，因为你不是对手，免得最后"机关算尽太聪明，反误了卿卿性命"。

选择C：心计指数50%。你是一个心肠软的人，你是否会耍心计就得看你想不想了。你具备玩弄心计的本事，但你会因为软心肠而放弃实施计划，其实你的计划是很完美的，就是不够狠。即使好不容易狠下心开始执行了，也无法做出最后的一击。

选择D：心计指数87%。你是一个典型的怀柔分子，"笑面虎"是你的代名词，你在外人看来绝对是一副笑容可掬的样子，因为你认为双方合作才能成大事。可是，一旦有人触犯或阻碍到你，你就会用计策算计对方，比对方还狠，毫不手软。

15. 你在哪方面最输不起

☆**情景测试**

有没有问过自己，什么是你一生最输不起的事情？感情？事业？还是金钱？如果你还不清楚自己在哪方面最输不起，就让这个测试告诉你吧！

假设你参加聚会时,有人在不停地大声笑闹,你的反应会是什么?

A. 懒得理会

B. 酸酸地说上几句

C. 坐在自己的位置上,大声训斥几句

D. 摆出一张臭脸

☆完全解析

选择A:你在"金钱上"最输不起。你很爱自己,觉得生活要有品位,而且要有质量,不喜欢装穷。你觉得人生苦短,为什么要让自己过得这么不舒服,所以尽量让自己过得好一点,对家人好一点,让生活质量维持得很好。

选择B:你在"感情上"最输不起。你内心非常脆弱,有自知之明,知道自己如果在感情上受到伤害的话,可能要花很长的时间让自己恢复疗伤,所以当发现和另一半感情破裂的时候,会赶快分手,这样疗伤期就可以变短。

选择C:你在"工作上"最输不起。你很享受工作上的成就感,掌声、收入对你而言非常重要,所以只要你下定决心就可以做到最好,有人扯你后腿会很不高兴。

选择D:你对"任何事"都输不起。你好面子,觉得自己的尊严很重要,自尊心非常强,如果别人的挑衅让你感到受不了,你反扑的力道会让人吓一大跳。

16. 你的优点在哪里

☆ 情景测试

每个人都存在着优点和缺点。缺点容易被注意到，而优点却被忽视掉了。只要能找出自己被隐藏的优点，并且将它无限扩大化，那么你的优点就能表现出来，被大家了解到。以下测试将发现你的优点，记得要好好把它发扬光大。

下面有6种状况设定，请从中选择一种你觉得最无法忍受的。

A. 虚伪做作　　　　B. 对老人和小孩不友善

C. 不遵守约定　　　D. 欺负小动物

E. 混黑道　　　　　F. 欺善怕恶

☆ 完全解析

选择A："诚实"必胜：诚实、正直是你最大的特点。你反对用谎言来包装自己，希望以真实的自我来获得他人的肯定。你的坚持，会让大家对你的信任感与日俱增。

选择B："同情心"必胜：你的同情心非常旺盛，看到需要帮助的人和事，会忍不住想要贡献自己的力量。许多人都是因你而获得快乐，这个社会也会因有你这样的人变得更祥和。

选择C："责任感"必胜：你非常注重人与人之间的信赖，会努力遵守约定，答应别人的事也一定会做到。这样的你，当然是大家最欣赏的人。

选择D："正义感"必胜：即使要牺牲自己，你照样会义无反顾地选择仗义执言。因此，你的正义感总是为你带来许多友谊。你那铲奸除恶的精神更会为你赢得赞赏与信赖。

选择 E："同情心"必胜：你总是可以设身处地地为周围的人着想，你的协调能力、自我约束能力都很强。你的善解人意更让人时时刻刻都想亲近你。

选择 F："耐力"必胜：你是属于"路遥知马力"的类型。年纪越大，你的这个优点就越会获得赞扬。你总是默默地耕耘，大家都会对你十分敬佩。

17. 性格是"急"还是"慢"

☆情景测试

你是一个有着怎样性情的人呢？是雷厉风行的急性子，还是一个慢条斯理的慢性子？来做一个小测试吧，从中你可以知道自己是什么"性子"的人：

1. 原本和好友约好星期日去图书馆看书的，但在星期六晚却下起了滂沱大雨，这时你会怎么做：

A. 立刻打电话与好友商量

B. 打电话咨询气象台明天的天气情况

C. 明天再打电话

2. 由于刮台风，学校提早放学，你决定：

A. 自己坐车回家，并打电话告诉家人

B. 先到同学家玩一下再说

C.问老师应该怎么做

3. 逛街时,有条恶狗追着你的同伴,你会:

A. 向路人求救　　　　　B. 帮忙把恶狗赶走

C. 不知所措

4. 买衣服时,发现钱不够,你会:

A. 和店员砍价　　　　　B. 把商品退回,再挑选别的衣服

C. 什么也不买,直接回家

5. 乘电梯时,突然停电,你的第一个反应是:

A. 按警铃并高声呼救　　B. 耐心地等电恢复

C. 不知道该怎么办,大哭起来

6. 回家时发现忘了带钥匙,怎么办?

A. 打电话给家人　　　　B. 先去别的地方逛一圈再回来

C. 站在门口等家人回来

7. 正在收看自己喜欢的电视节目,画面却被干扰看不清,你会:

A. 把电视关了,不看了　B. 到邻居家看

C. 发脾气、责怪电视台

8. 上街和家人失散了,你怎么办?

A. 找警察或别人帮忙　　B. 站在原地等家人来找

C. 四处寻找家人

9. 闹钟坏了,上学(上班)迟到了,怎么办?

A. 算了,反正迟到了,慢慢来

B. 以最快的速度去上学（上班）

C. 装病请假不去了

10. 已经完成资料准备（做好了作业），却忘记带给上司（带到学校）

A. 没办法，如实向上司（老师）说明情况

B. 临时重新做一份

C. 太难受了，干着急

☆ **计分方法**

选A得0分，选B得1分，选C得2分。

☆ **完全解析**

0~4分："慢郎中"型

遇事你还是很淡定从容的，如果能灵活一点，你能成为众人的偶像！

5~10分：机灵敏捷型

你是一名"急先锋"，遇到事情时会主动提出意见，这给朋友带来不少帮助，但千万警惕自傲的想法。

11~15分：处事谨慎型

你给大家的感觉是"处事很有分寸"，但你还是不够勇敢，如果可以提高自己的勇气，你会收获更多。

16~20分：过分小心型

你一直都害怕孤独，以至怕得罪别人，使人家不高兴。你应该克服这种心态，可以与别人商量一下，不用害怕别人会介

意，其实他们会给你一些意见的。

18. 自信指数测试

☆ **情景测试**

自信是每个人都应该具备的素质，你是一个充满自信的人吗？快来测一测你的自信指数吧。

一位朋友为你画了张画像，你觉得哪个部位应该画得最好呢？

A. 眼睛　　　　B. 眉毛　　　　C. 嘴巴　　　　D. 鼻子

☆ **完全解析**

选择 A：自信指数 80 分

你的感情丰富细腻，是一个自信满满的人，甚至有些自恋。喜欢得到他人的赞美，但又怕给人一种骄傲自大的感觉，所以平时的你很低调，极少表现自信的一面。

选择B：自信指数60分

你是个冷静、懂得平复情绪的人，外表看起来相当知性聪颖，但实际上并不自信，对于外貌更是心虚。好在你平时话不多，却常常能够一鸣惊人，让人印象深刻。

选择C：自信指数50分

表面上看起来你很喜欢社交和热闹的生活，但实际上没有几个知心朋友。对于自信一事你自己也不太清楚，更多时候随感觉行事。你总会把自己打扮得光鲜夺目，就是怕被人看见自己的狼狈状。

选择D：自信指数95分

你是个意志力坚强的人，时刻都散发出一种独特的魅力，不会因外表而影响自信指数。你任何时候都可以展现自己的优点，但给人一种强势的感觉。

19. 猜拳看性情

☆ 情景测试

还记得儿时的猜拳游戏吗？回忆一下你猜拳的时候最爱出哪一个？从这里可以透视出你的小性情，出"石头、剪子、布"的时候，你习惯于先出哪一个？

A. 石头　　　　B. 剪子　　　　C. 布

☆ 完全解析

选择A：习惯于先出石头的人适应能力与协助能力都很强。你做任何事情都全力以赴，都在发挥你本身卓越的适应能力。你努力地保持着圆满而友善的关系，绝对是个值得交的朋友。

选择B：习惯先出剪子的人是一个独立心与忍耐力很强的人。你是非观很强，对事情的判断也是很正确的，很少草率做事，大多都会经过深思熟虑以后再行动，但你不会轻易抛弃本人的想法与意见。你有主见，忍耐力强，无论多么艰辛的事情也会坚持完成到底，因此做任何事情都很有可能大获成功。

选择C：习惯先出布的人是一个非常乐观的人。你是一个实践派，对任何事情都持客观积极的态度，很少会费神去想每件事情。你一贯积极主动，没有阶级观念，和任何人都可以相处得不错，这些因素可以使得你轻易地解决各种事情，立下丰功伟业，获得巨大的财富。还有一点，如果你出布时候的手指是分开的话，证明你性格活泼，很有可能受人瞩目，或赚大钱。

20. 美食中的个性

☆ 情景测试

提到美味的食物，你肯定在吞口水了吧，你有想过对美食喜好的不同也可以看出你的个性吗？做做下面的测试，来体验一下吧。

以下有五种食物，请你挑选出自己最喜欢的食物。

A. 牛肉面（越辣越过瘾）

B. 海陆大餐（好吃真好吃）

C. 比萨（越脆越香）

D. 炸鸡块（多汁多滋味）

E. 蛋糕（越吃越高兴）

☆ **完全解析**

选择A：爱好吃辛辣食物的人，本身也是一个脾气火爆的人，性格中带有孤傲，愤世嫉俗，不喜欢那些虚伪的社交活动和礼尚往来，但对建功立业，可以成为名留青史的英雄却很感兴趣。

选择B："山珍海味"，代表这是一个乐不思蜀的人，为人豪爽仗义，不拖泥带水，拥有坚韧不拔的性格。但也有明显的缺点，就是不够冷静，有时候会过度挥霍劳动成果，只怕会坐吃山空，应该要多加警惕。

选择C：喜欢吃"薄饼"的人，为人也比较小气刻薄，在人群中经常扮演叛逆的角色，给人一种自以为是的感觉。但是，那些杰出的艺术家、科学家往往都具有这种风格。

选择D：这种人属于懒得动型的后现代主义者，感情"脆"弱、生怕寂寞，举手投足像只小绵羊一般温驯，欠缺冲劲。

选择E：喜欢吃"甜点"的人一般拥有温和谦逊的性情，乐于助人，是一个很容易相处的人。跟这种恬淡个性的人做朋友是最好的，他们没有火热的激情，但如甘泉一般，交往越久，感情就越弥坚。

21. 测试下你心理有多幼稚

☆ **情景测试**

很多人的心智年龄跟实际年龄是有距离的，有的人大智若愚，随时为生活添点料；有的人却是看起来成熟，心理却还是个小孩子。你是个幼稚的人吗？快来做做下面的幼稚指数测试，看看你的幼稚指数到底有多高！

如果你是童话故事中想吃掉3只小猪的大野狼，你觉得用哪一种方法可以吃掉它们？

A. 用烟把小猪熏到晕倒　　B. 等小猪没戒心自己出来

C. 从烟囱偷偷爬进屋内　　D. 用槌子把门整个砸坏

E. 模仿猪妈妈声音骗开门

☆ **完全解析**

选择A：你活在童话世界中，幼稚到了极点，让大家都担心。你的幼稚指数70%：这种类型的人凭着感觉走，想要做什么就做什么。

选择B：你不但不幼稚，而且成熟过了头，小心未老先衰。你的幼稚指数20%：这种类型的人对很多事情已经懂得放手，你明白强求其实是没有用的，因此会用等待的方式来处理事情，不管是工作或者是爱情。

选择C：你自知已经半大不小，必须学习独立自主。你的幼稚指数55%：这种类型的人知道做事情要利用方法，在人生的路途中你会慢慢让自己学习成长。

选择D：直到被撞到满头包伤痕累累，你才会知道不长大不行了。你的幼稚指数80%：这种类型的人比较大男人或大女人，表面上很成熟，其实内心是非常幼稚的。

选择E：你的心智成熟，足以当别人的心灵导师了。你的幼稚指数40%：这种类型的人会用言语做沟通的方式跟人家做进一步的交谈，处理事情的时候会很有耐心而且能够抓住人性。

22. 你的自恋情结有多重

☆ **情景测试**

墙角的花，当它孤芳自赏时，世界就变小了。冰心用优美的文字勾勒了花的一种自恋姿态，而在你的性格当中是否也隐藏着自恋情结呢？做一做下面的小测试，便可知晓。花店摆放了各种形态的水仙，你会买哪一盆放置案头呢？

A. 1个小小花骨朵　　B. 1朵水仙枝头绽放

C. 数个小小花骨朵　　D. 数朵水仙已然绽放

☆ **完全解析**

选择A：你对自己的喜爱小心翼翼，也许对自己的喜欢只是不讨厌自己。

选择B：只有一朵水仙花绽放说明你有自恋情结，并且不怕在别人面前展现出来。

选择C：数朵花骨朵代表了其实你很自恋，但是还不到自负的程度。

选择D：水仙花开得越多，说明自恋程度越深。

第二章

社交剖析：你是否是社交高手

23. 社交心理成熟度

☆ **情景测试**

在社会中免不了与人交往，有圆熟的交往技巧就显得十分重要了。简单地说，就是要具备老辣的社交技巧。那么你具备这种技巧吗？不妨测一测：

1. 当老板让你去做一件你觉得很难做到的事情，你会怎么办？

　A. 你会咬紧牙关，花费几小时拼命为他工作

　B. 做到某种程度而发觉不行时，便将情况向老板汇报

　C. 即使求助于他人也要把工作做好

D. 自己无法做的事，会放弃不做

2. 如果有两位相熟的异性同时向你示爱，你会怎么处理？

A. 把两人叫过来加以详谈后分开

B. 在两人中只与一位适合自己的人交往

C. 在两人之间周旋

D. 将两人视为普通朋友，同时交往

3. 当你在工作上感到不顺心不如意时，会用哪种方式来发泄呢？

A. 到常去的酒吧喝酒　　B. 出去散步使心情平静

C. 到一些娱乐场所消遣　D. 到朋友家向他诉苦

4. 如果你由朋友口中得知，另一个朋友在背后说你坏话，你会怎样？

A. 默默地承受而不加理会

B. 与忠告者一起出游，将误解澄清

C. 直接找说坏话的人去算账

D. 找说坏话的人问清情况

☆计分方法

选A得5分，选B得3分，选C得1分，选D得0分。

你的得分 _____

☆完全解析

20～18分

如果你可以再成熟一些，就能体会爱的真义。在社交方面，你的心理相当成熟,但是在个人生活方面就不太成熟了;而这种不平衡也是你性格上的魅力,因为它令人有新鲜感,会让人产生想要探知的欲望。

17～14分

你的心理还不够成熟,正在成长中。你的兴趣广泛,无法局限在一件事上,所以应该先做要紧的事;如能有所取舍,你会成熟得更快。你是个有前途的人,会很快掌握社交技巧的,但在这个过程中需要承受一些心理上的考验。

13～8分

你的社交技巧可以说相当贫乏,你的心理还很幼稚,甚至未考虑成熟问题。对你而言,实践比学习更重要,但学习也不能忽略。

7～0分

你对爱的看法相当成熟,但心理成熟是没有界限的,所以应该想办法使自己能与人相处得更好。你现在需要加紧努力的是,注意与周围人搞好关系,千万别脱离集体,要合群。

24. 你是否是一个合群的人

☆ 情景测试

在充满艺术气息的秋天,如果你和朋友第一次去参观美术馆,进门后有左中右三个方向,你会从哪里开始参观呢?透过参观的顺序来看一看你是否是个合群的人。

A. 进门后向右参观

B. 进门后直行

C. 进门后向左参观

☆完全解析

选择A：你是个自得其乐的人，不想引人注目。你善于自己平衡个人的不平与不满。大多数情况下，你不违反大众认可的意见，并能快速融入群体。"不求有功，但求无过"是你的人生信条，这种态度其实非常消极，你要注意适时调整。

选择B：你是个"直肠子"，喜欢直截了当。不过，你行事常常缺乏计划性，走一步算一步。总之，你是个乐天知命者，不在乎细枝末节，总是少一根筋。

选择C：你极不合群。你充满反抗情绪，并宣称自己"有个性"。实际上，你与人交往时比常人敏感，有时往往是懦弱的。总之，你排斥别人，只认同自己的想法。

25. 你能和朋友融洽相处吗

☆情景测试

"落红不是无情物，化作春泥更护花"。走在深秋的街道上，有时候就会莫名地发出这样的慨叹。落叶戚戚，这种寂寞的秋色和周围的景物构成了一幅和谐的画面，我们来做一个小测试吧，测一测在生活当中的你是不是能和朋友融洽相处。

假定一个深秋落叶飘飘的情景，你独自漫步在一条无人的街道上，街道两边耸立着高大的树木，那些被秋风扫落的树叶布满你的脚下，你会觉得这是哪种树叶呢？

A. 梧桐的掌形叶　　B. 向日葵的卵形叶

C. 银杏的扇形叶　　D. 乌桕的菱形叶

E. 马尾松的针形叶

☆完全解析

选择A：你对自己有着深刻的认识，所以你可以很好地把握自己和他人。

选择B：你对自己有全面但不深刻的认识。

选择C：你是一个对他人严格却对自己很宽松的人。

选择D：你是一个对事模棱两可的人。

选择E：你说话做事很冲动，有时会让人感觉是个刺儿头。

26. 测测你是哪种交际类型

☆情景测试

不同的性格在社交活动中演绎的角色类型也不同。来到一个新的环境里，我们常常需要主动与人接触，才能建立自己的社交圈。而弄清自己适合的交际类型，有助于让你的交际更加顺利地进行。你想知道自己属于哪种类型吗？

请对下列问题做出"是"或"否"的选择：

1. 碰到熟人时，我都会主动同他（她）打招呼。

2. 我会主动给朋友写信以表达我的思念。

3. 在旅行的途中,我经常与陌生人闲谈。

4. 有朋自远方来,我从内心里感到高兴。

5. 除非有人引见,否则我很少主动与陌生人讲话。

6. 我喜欢在群体中表达自己的观点和看法。

7. 我同情弱者。

8. 我喜欢给别人当参谋出主意。

9. 我喜欢有人陪我做事。

10. 我很容易被朋友说服。

11. 我很注意自己的仪表。

12. 如果约会迟到我会长时间感到不安。

13. 我与异性交往甚少。

14. 我到朋友家做客感到很自在。

15. 我不在乎与朋友乘公共汽车时谁买票。

16. 我给朋友写信时喜欢讲述最近的烦恼。

17. 我常能交上知心朋友。

18. 我喜欢与之交往的人具有独特之处。

19. 我觉得随便向别人暴露自己的内心世界是很危险的事。

20. 我很慎重地发表意见。

☆计分方法

第1、2、3、4、6、7、8、9、10、11、12、13、16、17、18题答"是"得1分,答"否"不得分;第5、14、15、19、

20题答"否"得1分,答"是"不得分。

☆**完全解析**

1~5题测试交往的主动性,得分高意味着交往的主动性水平高,在交往上偏于主动型,反之则表示偏于被动型。主动性高的人结交朋友相当主动,但被动型的人则总是等着别人主动,自己几乎不会去主动与人套近乎。

6~10题测试交往时候的支配程度,得分高说明在交往中偏于成为领袖型人物,反之则表示偏于依从型。领袖型人物是圈子里的带头人物,喜欢领着大家前进;顺从性人物则更倾向于听从旁人意见。

11~15题测试交往的规范性程度,得分高说明在交往中讲求严谨规范,反之则表示交往行为较为随性。交往中严谨规范的人,会为自己和朋友定下一连串的标准和原则,可能会给人一种不容易接近的感觉,可一旦开始交往,不失为一个值得信赖的朋友;交往中较为随性的人,大多比较随和,让人感觉亲切易相处。

16~20测试交往的开放性程度,得分高表示交往偏于开放型,反之说明偏于闭锁型。若是得分处于中等水平,则归入中间综合型的交往者。开放型的人乐意结交各式朋友,也愿意去尝试新的交友方式;闭锁型的人则不喜欢结交朋友,或孤独行事,或处于一个小的固定朋友圈之中;中间综合型的人则同时拥有以上两种特点。

27. 面对不喜欢的人怎么办

☆ **情景测试**

通过下面这个测试，你可以了解自己在处理人际关系时能否把握好双方的心理战术，是不是处理人际关系的高手。

世间有这样一类人，当面不说，背后乱说。你偶然间发现，你一直认为对自己很好的人，原来在给自己使坏，一时间你很气愤。当你再次面对他时，你会：

A. 表面上与对方笑脸相迎，实际上对对方心存戒备。

B. 对对方以诚相待，相信自己能够感动对方。

C. 开门见山，一语道破，不给对方留面子。

D. 与对方保持距离，态度不冷不热。

☆ **完全解析**

选择A：你是心理战的高手。你能理性地面对这种有心机的人，体现了你的谋略和智慧。不过，你也许不知道，对朋友甚至亲人，你也很可能习惯性地运用自己的心理战术。

选择B：你没有什么敌我意识，对人完全不设防，在朋友及亲人的印象里，你形象良好。你相信"将心比心，坦诚相见"，这是优点，不过也需警惕不怀好意的人，古语"防人之心不可无"还是有道理的。

选择C：你是个直来直去的人。不管有没有明确的证据，只要你知道了某个阴谋，就会迫不及待地向众人说出。你和同类人投缘，但也会树敌不少。简单地说，你的人际关系很明显地分成两派：一派是和你意气相投的朋友，一派是喜欢用计的敌人。

选择D：你最大的武器是以不变应万变。你拙于心计，也不善于经营人际关系，不善于主动承担和解决问题。但是，你沉得住气，不管敌人如何奸诈，都很难找到你的破绽，也无法跟你纠缠下去。因此，你的人际关系比较封闭，敌人应该也不多。

28. 你的人际关系及格吗

☆ 情景测试

你的人际关系能及格吗？自己到底是自信满满的人，还是相当孤僻的人呢？假使你走向一个熟睡的婴儿时，他忽然睁开眼睛，你认为接着他会有什么反应？

A. 号啕大哭　　　　　　B. 笑
C. 闭上眼睛继续睡觉　　D. 咳嗽

☆ 完全解析

选择A：你是一个自卑的人，因此很害怕与他人相处，深恐泄露自己的缺点，因此常缩在自己的壳中裹足不前。如果你能再自信一点儿，积极与他人接触，相信你会发现外面的世界非常美好。

选择B：你相当自信，交际手腕也不错，很容易和他人打成一片。但要注意的是，不要过度自信，只陶醉在自己的世界中，忽略了别人的感受、想法。

选择C：你是个相当孤僻的人，与其和别人在一起，还不如一个人来得快乐自由，所以根本不愿，也觉得没必要踏入别人的世界。但工作中你要注重团队合作，绝不可独来独往，所以要好好调整自己。

选择D：你是一个相当神经质的人，非常在乎人际关系，也小心翼翼地去维护；但太过于在意别人的感觉、想法，会弄得自己精疲力竭，最好放松一下自己，以平常心来面对人际关系。

29. 你的人际关系优势在哪

☆ **情景测试**

你最好的朋友，即将要移民到英国去了，过两天刚好是他的生日，你为他办了一场生日惜别会，在惜别会中你最想对他说的话是什么？

A. 要常常和我联络　　B. 有空要常回来看我

C. 有机会我一定会去找你　　D. 我会想念你的

☆ **完全解析**

选择A：你在朋友圈子里是个阳光型的人物，大家会亲切地叫你"乐天派"。你不仅自己能从容地面对所有的问题，还能把这种力量传递给朋友和亲人。和你在一起时，大家都会被你的自信和快乐传染，一切烦恼迎刃而解。

选择B：你比较理性，聪明并且有主见，有时会让别人觉得你有一点儿强势。朋友们遇到困难时，你能运用自己的聪明才智，帮大家渡过难关。

选择C：你很感性，人缘超好。你善解人意、温柔贴心，与你相处时，朋友们都感觉轻松自在，如沐春风。当朋友们受到伤害时，你的善良和热情又是一剂良药，因此，你在人际交往中的受欢迎程度是毋庸置疑的。

选择D：你成熟且理智，目标明确，思路清晰，不会被别人的意见或看法所左右。自己或朋友遇到麻烦时，你会冷静地分析和判断，抽丝剥茧，寻找最好的解决方案。因此，你是大家心目中最佳的领导型人选。

30. 人际交往协调能力鉴定

☆ **情景测试**

我们都生活在集体中，都要和周围的人打交道。你与别人打交道时，让人感觉愉悦吗？下面这个测试，能看清你的人脉是否过硬。

1. 如果你是一个大一新生，一次偶然的邂逅，你喜欢上了一个比你大很多的校友前辈，你们交往了很久之后才知道他（她）已经成家了，你会如何处理这段感情呢？

坚持跟他（她）好下去→3

立刻终止这段感情→2

2. 暑假里,你抽到一张国外游往返机票,旅行地是澳大利亚或意大利,你希望去哪个国家呢?

澳大利亚→4

意大利→3

3. 如果你是一位新生代作家,一份时尚报纸请你写专栏,你会写哪种类型的文章呢?

都市白领的感情生活→4

旅行札记→5

4. 如果你发现你的好朋友正在策划如何陷害班长,你会如何做呢?

立刻告诉班长→6

虽然不赞同这种做法,还是站在好朋友这边→5

5. 假如你捡到一条名贵的小狗,会怎么办呢?

赶紧带回家→7

在原地等失主→6

6. 暑假里有以下两份兼职工作正等着你,你会选择哪一个?

幼儿园美术老师→8

手机促销员→7

7. 假如你在逛街时偶遇心仪已久的明星,你会怎样呢?

赶紧索要签名或跟偶像合影留念→8

围上去仔细看看→9

8. 如果你是一个刚刚从电影学院毕业的新人，你希望出演的第一个角色是什么？

命运坎坷的女一号→10

搞笑的女三号→9

9. 如果有一位相貌英俊的聋哑男子对你表示爱慕之情，你会如何应对呢？

对他的好意说谢谢，表示只愿与他成为普通朋友→11

一口回绝→10

10. 外出旅行，你最担心的是什么事情呢？

吃不到对胃口的东西→11

交通是否便利→13

11. 好朋友失恋了，你会如何陪她度过这段郁闷的日子呢？

一有机会就开导她鼓励她→12

尽量将就她，陪她哭陪她笑→B类型

12. 你无法在预定时间内完成朋友拜托之事，会如何解释呢？

直接说明自己没有完成事情的原因→F类型

说自己得了重感冒，所以才没时间做事→13

13. 如果你是一家礼品店的店员，这天有一位害羞的男生来买送给女朋友的礼物，你会推荐什么给他呢？

温暖的抱抱熊或纯银首饰盒→C类型

搞怪玩具或女巫帽→14

14. 假如你在乘车的时候看见一个小偷正在掏老婆婆的钱

包，你会怎么做呢?

　　立刻大喊"抓小偷"→A类型

　　狠狠瞪着小偷或暗示老婆婆→15

　　15.如果你是一位实习护士，你希望照顾哪种病人呢?

　　儿童→E类型

　　老人→D类型

☆完全解析

A类型：你不喜欢闪烁其词，半遮半掩，一般是开门见山，有话就说。由于性格直爽，当你与交往对象产生误会时，你会极力解释，哪怕当众向对方认错，也不会觉得不好意思。随着交往加深，朋友们将会越来越信任你，并理解你偶尔的小错或急脾气。

B类型：你的人际交往协调能力还有很多不足，你的不自信、害羞造成你无法准确到位地表达和解释自己，以至于出现问题不能及时、彻底解决。更严重的是，对于棘手问题，你干脆选择逃避。大胆地说出自己的想法吧，别担心丢了脸面，与周围的人相处融洽会有助于你自信心的培养。

C类型：你个性偏于柔弱，缺乏果断的判断力，虽然你提倡和平主义，但在协调能力方面还是有些问题。该表明立场时，你态度不明确，影响朋友对你的信任。人际交往中，你要学会抛开自己的狭隘，多跟充满行动力的人相处。

D类型：你爱动脑子，但不会轻易说出自己的观点，较含蓄。你立场不坚定，给人感觉风吹两边倒。因此，表面上你跟大家处得都不错，实际上哪边的人都觉得你不是自己人。你的协调能力有些小问题，只要你能认清自己的信仰，大家会接受你的。

E类型：你的自我表现欲比较强烈，有一定的交际手腕，处事圆滑，协调能力也很不错。不过，你喜欢关心比自己弱小的人，在对比中获得满足。你要注意提升自己的实力，人际交往不只是靠手段，内在实力也很重要！

F类型：你的协调能力非常好，大家提起你总是赞不绝口。你总能设身处地替别人着想，尽可能为遇到困难的朋友提供帮助。虽然与人分忧难免给自己带来一些小麻烦，但获得大家的一致好评是对你的最大回报。

31. 测测你对陌生人的防范意识

☆ **情景测试**

虽然我们提倡人际交往中要坦诚相待，但也不是对所有人都要敞开心扉，毫无保留。社交防范意识也很重要，下面就来测试一下你的防范意识：

如果有个陌生人向你搭讪，然后就像幽灵般总是出现在你身边，对你献殷勤，这时候你会怎么对待这个人呢？

A. 认为对方肯定另有所图

B. 觉得自己魅力没法挡

C. 平静地与对方交往

D. 马上断绝对方的机会

☆完全解析

选择A：你的防范意识很强。对于陌生人，你具备高度戒心。正因为如此，你择友也很慎重，乱七八糟的猪朋狗友无法越过你的防线，身边的朋友都是可信赖的。你性格沉稳，不惧怕那些心怀叵测的人，能见招拆招。

选择B：你以自我为中心，考虑任何问题都把自己的利益摆在首位。你觉得自己不容易被别人算计，其实恰恰相反，你容易暴露自己的弱点并被人利用。只要把你说成捧在手心的公主，你就飘飘然失去理智，很快落入别人早已布好的陷阱。

选择C：你没有防范意识，对任何人都没有戒备。你认为人与人之间的关系很简单。你的心灵很纯洁，觉得别人都只是想跟你做朋友。你以平常心与人交往，顺其自然，大部分时候，别人对你即使另有所图，也会被你的纯真融化。

选择D：你缺乏安全感，也缺乏信心。你不愿轻易给别人机会，封闭在自己的小小世界里，用这种方式避免别人的闯入可能造成的伤害。你对这个世界采取敌对态度，这对自己不好，也造成了朋友太少的后果。

32. 你是难以接近的人吗

☆ **情景测试**

你了解你自己吗？你给别人的感觉是平易近人还是充满距离感呢？做一个测试吧，它能够帮你更加清晰地了解自己。来验证一下你是不是一个难以接近的人吧。

在一个滂沱大雨的夜里，你从窗子看到有一个男子在路上慢慢独行，你猜想他有一种什么样的心情？

A. 思考某个问题，满腹心事

B. 正在享受一个人的孤寂感

C. 只是忘记带伞，不想在雨中狼狈地奔跑

D. 刚结束一段感情而失魂落魄

☆ **完全解析**

选择A：你的交际圈很广，你的情绪控制也很好，懂得顾全他人的面子和感受，不会轻易和他人发生冲突。你属于大家觉得你不错的那种人，在同学看来，你是从小拿奖状的模范；在老师看来，你是听话懂事的好学生。

选择B：你很关注自己，甚至忘记了周围的其他人。你很少说话，给人一种孤僻内向的感觉。你也不太关注别人，更不希望别人关注你。冷漠是你对陌生人的态度，但你对相处很久的老友们却是热情似火，是一个值得信

赖的好朋友。

选择C：你是群体活动不可缺少的话题王。你爱调节气氛，喜欢跟着人群起哄，虽然出发点没有恶意，但你要注意有时候恶作剧过火了，就会给别人和自己带来困扰。

选择D：你的心情起伏很大，可以突然晴转阴，是一个性情中人。你与别人相处方式很直接，喜欢的人马上打成一片，不喜欢的人肯定是敌人。

33. 你容易相处吗

☆ **情景测试**

有的人个性随和，身边朋友多，有的人则不那么容易相处。你是怎样的人呢？来测一下吧。

以下四种类型的电影，哪种最能吸引你呢？

A. 有专业知识（如法律或医学）

B. 爆笑喜剧

C. 都市言情

D. 悬疑推理

☆完全解析

选择A：相处指数20分。你对他人和对自己的要求都很高，跟你相处时别人心理压力颇大，但其实你是刀子嘴豆腐心，有理时以理沟通最有效，不然就坦然认错，再大的事情也会变成小事。

选择B：相处指数70分。你容易被仗势欺人的家伙压迫，总是屈居下风。不过，虽然被利用的感受不好，但是气归气，过一会儿你就能淡忘掉，并不会影响对他人的信任感。

选择C：相处指数30分。你所追求的是一场热恋，即使自己已经上了年纪，也期待能再有一场轰轰烈烈的情。

选择D：相处指数99分。在冲突发生时，活在自我世界的你，常会令别人为之气结。"装死"是你的绝招，因为看淡世事人情，所以闪躲冲突炮火，企图转移对方的注意力，就是你面对冲突的态度。

34. 你有社交恐惧症吗

☆情景测试

有些人讨厌面对人群或是害怕面对人群，他们不只是觉得害羞、不好意思，而是对自己以外的世界有着强烈的不安感和排斥感。这种因对社交生活和群体的不适应而产生的焦虑和社交障碍称作社交恐惧症。那么你是否患有社交恐惧症呢？你可以进行下面的测试得知。

请在15分钟内完成试题，每题有5个选项：A.根本不符合； B.某方面符合；C.比较符合； D.大部分符合； E.完全符合。

1. 和不熟的人聚会时，我会很不自然。

2. 和老师或上级交谈时，我会很不自在。

3. 我在面试中常常不知所措。

4. 我是个比较内向的人。

5. 和权威人士对话使我很害怕。

6. 即使在非正式场合我也会感到不安和害怕。

7. 我处在与我不同类型的人群当中感觉很舒服、很自在。（Q）

8. 假如给一个陌生人打电话，我会有紧张感。

9. 和交往不深的同性交谈会让我产生不适感。

10. 和异性谈话时我会感到更加自在。（Q）

11. 我是个比较不害怕与人交际的人。（Q）

12. 在人多的场合我不会有什么不自在。（Q）

13. 我想让自己更擅长与人交际。

14. 和很多人聚在一起时我不知该做什么。

15. 如果面对一位吸引人的异性，我会不知所措。

☆ 计分方法

不带"Q"的题目，选A计1分，选B计2分，选C计3分，选D计4分，选E计5分；带有"Q"标记的反向记分，即选A得5分，选B得4分，选C得3分，选D得2分，选E得1分，最后计算总分。

☆ 完全解析

15~59分：善于交际，没有社交恐惧症。

60~75分：不善于交际，有社交恐惧症倾向。

35. 你是一个受欢迎的人吗

☆ 情景测试

你受人欢迎吗？下面的25个问题是根据国外专家的心理测试拟就的，目的是让你大致明了自己的性情以及你是否容易相处。

请在每项问题的下面写"是"或者"否"。

1. 你是否自动地和不经思考地随便发表意见？
2. 你是否觉得你3位最好的朋友都不如你？
3. 你喜欢独自进餐吗？
4. 你看不看报上的社会新闻？
5. 你对这一类的测验有无兴趣？
6. 你是不是也向别人吐露自己的抱负、挫折，以及个人的种种问题？
7. 你是否常向别人借钱？

8. 你和别人一道出去，是不是一定要大家平均分摊费用？

9. 你告诉别人一件事情，是不是把细枝末节都说得很清楚？

10. 你肯不惜金钱招待朋友吗？

11. 你认为自己说话毫不隐讳的态度是对的吗？

12. 你跟朋友约会时，是否让别人等你？

13. 你真正喜欢孩子（不是你自己的孩子）吗？

14. 你喜欢拿别人开玩笑吗？

15. 你认为中年人恋爱是愚蠢的吗？

16. 你真正不喜欢的人，是否超过7个？

17. 你是不是有一肚子牢骚？

18. 你讲话是不是常常用"坏透了""气死人""真要命"一类字眼？

19. 电话接线员和商品推销员会使你发脾气吗？

20. 你爱好音乐、书籍、运动，别人不喜欢，你是不是觉得他面目可憎、言语无趣？

21. 你是不是言而无信？（多想一次再答）

22. 你是不是常常当面批评家里的人、好朋友或下属？

23. 你遇到不如意的事，是否精神沮丧、意志消沉？

24. 自己运气坏，你的朋友成功的时候，你是不是真的替朋友高兴？

25. 你是否喜欢跟人聊天？

☆ 计分方法

答"是"得1分，答"否"不得分。

☆ 完全解析

得分愈多，就表示你愈受人欢迎。最高分数当然是25分。但是，假如你的分数不到25分，你也不要认为自己人缘不好。只要有15分，你就是一个很受人欢迎的人了。

36. 你受异性欢迎吗

☆ 情景测试

你是不是在纳闷别人都已经成双成对了，你却还是形单影只呢？不如从自己身上找找原因吧，看看自己到底受不受异性欢迎呢？

1. 你旅行时，最想去哪个地方？

北京→2

东京→3

巴黎→4

2. 你是否曾在观看感人的电影时泣不成声？

是→4

否→3

3. 如果你的男（女）朋友约会时迟到一个小时还未出现，你会：

再等30分钟→4

立刻离开→5

一直等待他（她）的出现→6

4. 你喜欢自己一个人去看电影吗？

是→5

不→6

5. 当他（她）在第一次约会时就要求吻你，你会：

拒绝→6

轻吻他（她）的额头→7

接受并吻他（她）→8

6. 你是个有幽默感的人吗？

我想是吧→7

大概不是→8

7. 你认为你是个称职的领导者吗？

是→9

不→10

8. 如果可以选择的话，你希望自己的性别是？

男性→9

女性→10

无所谓→D 类型

9. 你曾经同时拥有一个以上的男（女）朋友吗？

是→B 类型

不→A 类型

10. 你认为你聪明吗？

是→B 类型

不→C 类型

☆完全解析

A 类型：恭喜！你对异性有很大的吸引力！在异性的眼中，你有一种魅力，不只有美丽的外形，而且有幽默和大方的个性。你应该是一个很有气质的人而且深谙与人相处之道，你很懂得支配自己的时间，所以在异性之间很受欢迎。

B 类型：很好！你很容易便可以吸引异性。但是你并不容易陷入爱情的陷阱。你的幽默感使得人们乐于与你相处，他（她）与你一起时非常快乐！

C 类型：尚可！你并不能特别吸引异性，但是你仍然有一些优点，使异性喜欢跟你在一起。你应该是一个很真诚的人，而且对事物有独特的眼光。在你的朋友眼中，你是一个很友善的人。

D 类型：你并不吸引异性。你没有十分渊博的知识，也没有什么特别的人格特质。对异性来说，你显得过于粗陋，所以不受异性的欢迎。

37. 你在朋友中是什么印象

☆ 情景测试

你知道自己在朋友中的印象吗？从你对朋友的态度中便可知一二。请做下面的测试，当你发现你的朋友把东西遗忘在你家时，你认为采取以下哪种办法最合适？

A. 立即给朋友送去。

B. 通过电话或信函，约他到咖啡馆见面，然后把东西交给朋友。

C. 托人带给朋友。

D. 暂时放在家里，以后再考虑如何办。

☆ 完全解析

选择A：你扮演最好的角色是好爸妈。你非常有爱心，尤其是对孩子，一定会把最好的都给自己的孩子，自己省吃

俭用也没关系，孩子要受最好的教育，享受最好的生活。你会把小孩照顾得无微不至，所以，你天生有强烈的父爱（母爱），做你的孩子，是非常幸福的。

选择B：你扮演最好的角色是好儿女。你觉得人生当中，爱人、朋友都很重要，不过对你来讲，父母永远是第一位的。只要父母有需要，你不管在精神方面，还是金钱方面，只要做得到，就一定让父母过最好的生活。所以你是个非常孝顺的孩子。

选择C：你扮演最好的角色是好朋友。你重义气，不管是好朋友还是陌生人，只要能够帮忙，便义不容辞。你很珍惜友情，需要的时候，一定会站出来，帮助别人把事情解决。所以当你的朋友会非常的开心。

选择D：你扮演最好的角色是好情人。你在工作上一板一眼，回到家也一样。不过当在谈恋爱的时候，你极其在乎对方，对方怎么凌虐你，你也觉得心甘情愿，觉得很甜蜜，所以选择这个答案的朋友，你是永远的好情人。

38. 外向与内向的测试

☆ **情景测试**

内向和外向并没有绝对的分界线，就像很多人觉得自己外向，却被人说内向一样。通过这个测试来知道你是偏向于内向的，还是偏向于外向的。请用是或否回答下列问题：

1. 你有时会莫名其妙地高兴，有时又会莫名其妙地沮丧吗？

2. 你喜欢行动更胜于制订行动计划吗？

3. 你常常会因为某些明显的原因，或是没有什么原因的情况下出现情绪波动吗？

4. 当你参与到某种要求快速行动的项目中，是否感到最高兴？

5. 你易于出现情绪化吗？

6. 当你试图集中注意力时，是否会常常出现走神的情况？

7. 在结交新朋友时，你通常是主动的一方吗？

8. 你的行为是否倾向于快速、确定？

9. 你参加一个会议时，是否会经常"魂游物外"？

10. 你认为自己是一个活泼的人吗？

11. 你有时会情绪高昂沸腾、有时又相当低沉吗？

12. 如果阻止你参与到大量的社交活动中，你是否会非常的不高兴？

☆计分方法

对于2，4，7，8，10和12这6个问题，如果你回答是"是"，那么，就加上1分；如果回答"否"，就减去1分。计算一下你的得分。这是你的"外向"分值，它的分值范围是-6到+6之间。如果某个问题没有清楚地回答"是"或"否"的话，就没有得分。

剩下的1，3，5，6，9和11这几题则反映了艾森科（Eysenck）关于"神经过敏症"的评估。对于这些问题，如果回答"是"，就加上1分；如果回答"否"就减去1分。计算一下你这部分的分值。这是你的"内向"分值，范围在-6到+6之间。如果某个问题没有清楚地回答"是"或是"否"的话，就没有得分。

☆ **完全解析**

"外向"部分得分较高（例如是+6或是接近于+6），反映了一个较高的外向自我评价。而较低的得分（如-6或是接近于-6），则意味着一个高内向的自我评价。

"内向"部分较高的得分（例如是+6或是接近于+6），反映了一个较高的内向自我评价。而较低的得分（如-6或是接近于-6），则意味着一个高外向的自我评价。

39. 测测你的自信指数

☆ **情景测试**

自信的意思你知道吗？就是个人对自己所做各种准备的感性评估，你对自己所做的事情有充足信心吗？来测一测你的自信指数吧。

你对自己的身体哪一部分比较在意？

A. 眼睛　　B. 眉毛　　C. 嘴巴　　D. 鼻子

☆ **完全解析**

选择A：自信指数80分。做事有信心，有时甚至会演变成自负。你喜欢别人的赞美，当然，这是人之常情，没有人不喜欢得到别人的夸奖，只是，你怕别人看出你的自满来，所以总是警告自己，行事要低调、低调、再低调。你表现得很高傲。

选择B：自信指数60分。你遇事冷静，知道如何处理坏情绪，尽管不善言辞，却往往一鸣惊人，令人刮目相看。但很少有人知道，你并不自信，尤其对于自己的相貌。

选择C：自信指数50分。看上去你好交朋友，实际上，知心的却没有几个。你经常感到落寞，对前途没有信心，得过且过，有时你又将自己打扮得很幸福很成功，唯恐他人知晓你狼狈的现状而取笑你，有些对自己没有信心。

选择D：自信指数95分。你很有主见，有毅力达成所设定的目标。你敢于主动推销自己，展示自己的优势，你认为这同样是种魅力。在别人眼里，你很强势，似乎永远没有被击垮的那一天，这才是你最自信的表现。

40. 你容易得罪人吗

☆ **情景测试**

你会不会时不时觉得自己很孤独，被同事、朋友孤立着，当看见他们的时候总觉得他们对你充满敌意，对方看你的眼神都是充斥着轻蔑、嘲讽和不快？快测试一下自己是否真的在社交中扮演着得罪人的角色，看看自己的社交能力行不行。

如果你的朋友不小心弄坏了你心爱的东西，你会：

A. 要求对方照价赔偿

B. 宽宏大量，不会生气

C. 算了！自认倒霉，只能气在心里

D. 大发雷霆，把对方骂得狗血淋头

☆**完全解析**

选择A：你是一个中立的人，你觉得人与人之间的相处都是对等的，没有谁该怕谁，谁一定是领导，因此，你对人对事的态度很客观。总的来讲，你这样的为人处世之道会得到大多数人的认可。

选择B：你在别人眼中是一个老好人，你在为人处世上很尊重对方的自尊和价值，对方就觉得自己受到了重视，所以对你的评价也比较高。正常人都会很感谢你，并且把你当作好朋友。在处理人际关系时，你会把他人的价值放在首位进行考虑，你会自觉地站在对方的立场来考虑利害得失。就是因为你重视朋友、给朋友面子，所以你的人际关系应该是很融洽的。

选择C：你很怕得罪人，很多时候当你受委屈时就会自认倒霉，也不会反抗。整体来讲你是一个委曲求全的人，你很怕自己和别人形成敌对状态，你害怕一旦与别人对立会造成自己的心理压力和精神负担，你对自己在处理人际关系上很不自信，所以宁愿自己吃一点儿亏，都不想破坏了这个局面。其实你这种压抑自己情绪的做法是对自己最大的伤害，久而久之你会真正地脱离群体，自我封闭，独自生活在自己的世界里。

选择 D：在你的观念中，朋友是互相利用的，朋友的价值远不如自己喜欢的东西重要。正因为如此，你很少有真正的朋友，有的朋友发展到最后还会成为你的敌人。很多时候你并不是要敌对某些人，但你就是不相信别人，觉得人际关系要真正走到心里面很难。从某个角度讲，你是拜金主义者，作为一个商人可能就是唯利是图了。

41. 你会被排挤吗

☆ **情景测试**

你的人缘好不好？是常有贵人相助，还是经常被排挤？测试一下吧。

看看自己的五根手指，你对哪一根最满意呢？

A. 食指　B. 无名指　C. 大拇指　D. 中指　E. 小指

☆ **完全解析**

选择 A：你对朋友很好，甚至可以两肋插刀。只是有时你实在太敏感，甚至有点儿神经兮兮，一点点的风吹草动或是朋友无意中的一句话，你都认为跟自己有关，也让你相当在意。放开心胸让朋友了解你，并试着让生活多点儿幽默，你会拥有更多的朋友。

选择B：你很容易就跟陌生人打成一片，成为无所不谈的好朋友。只是随着双方彼此越来越熟稔，你也会越来越分不清朋友之间的界线。你也许心中把他当成好朋友，有什么困难都可以直接找他；可是对方却觉得你越来越烦人，甚至认为你喜欢对他颐指气使。

选择C：你的个性过于心直口快，而且过于自负。在团体中你也经常居于主动领导的角色，久而久之，便容易让人觉得你很刚愎自用，凡事都以自己为主，而他们几乎都是敢怒不敢言。改善方法其实很简单，有时多听取旁人的意见，让他有受到尊重的感觉，相信你的人气一定更上层楼。

选择D：你一直都很受欢迎，只是有时嘴巴太毒了，毒到让人心生反感。偏偏你对于这样的状况又过于无所谓，不会主动沟通道歉。其实幽默并不等于讥讽人，虽然你的动机只是想引人注意，换个不伤人的方式相信效果会更好。

选择E：你不是人缘不好，只是朋友太少，这跟你的个性有很大关系。你交朋友的态度比较随缘，不积极，遇到问题也不喜欢解释，无形中自然朋友多不起来。建议你可以专攻一项才艺，并适时地秀出自己，就算不主动也能吸引人争着跟你做朋友。

第三章

智商和情商测试：把握你的人生格局

42. 空间判断能力测试

☆ **情景测试**

空间判断力是指能够看懂和分析几何图形、理解物体在空间运动中原理和解决几何问题的一种能力。如果一个人平面几何及立体几何学得比较好，那么他的空间判断能力就会相对比较强。你的空间判断能力怎么样呢？快来试一试吧。

1. 中学时代，你的立体几何学得挺好。

  A. 非常符合 B. 比较符合

  C. 难以回答 D. 不太符合 E. 很不符合

2. 你能很快地画出一幅三维度的立体图形。

  A. 非常符合 B. 比较符合

  C. 难以回答 D. 不太符合 E. 很不符合

3. 看几何图形的立体感较强。

  A. 非常符合 B. 比较符合

C. 难以回答　　　D. 不太符合　　　E. 很不符合

4. 面对一个盒子,你可以很容易地想象出展开后的平面形状。

A. 非常符合　　　B. 比较符合

C. 难以回答　　　D. 不太符合　　　E. 很不符合

5. 提到某一种物体,你就能立即想象出它的立体形状。

A. 非常符合　　　B. 比较符合

C. 难以回答　　　D. 不太符合　　　E. 很不符合

☆计分方法

每道题选 A 得 5 分,选 B 得 4 分,选 C 得 3 分,选 D 得 2 分,选 E 得 1 分。

☆完全解析

20~25 分:你的空间判断能力很强。

15~19 分:你的空间判断能力较强。

10~15 分:你的空间判断能力一般。

9 分以下:你的空间判断能力较差。

43. 专注力测试

☆情景测试

你最近工作状况好吗?曾有科学家分析,一般人的专心程度是和成功成正比的,所以工作的时候努力工作,玩的时候轻松去玩,这应该是最好的人生座右铭。现在就以一个简单的问题,来测试一下你的专注力。

如果你到健身中心，你会最先使用哪一种设备器材呢？

A. 重量训练器材　　　B. 划船机或跑步机

C. 快速飞轮课程　　　D. 腰臀震动带

☆**完全解析**

选择A：你是一个很专注的人，很有耐心的人，只要你决定一件事情，通常不达目的绝不放弃。

选择B：你喜欢用旁敲侧击的方式处理事情和表达自己，不喜欢明确表达。

选择C：你就像跑百米的选手一样，枪声响起时，马上全心全意向终点冲刺，心无旁骛。

选择D：你做事方式是逐渐加温，但不迟钝。

44. 弗雷泽螺旋

☆**情景测试**

仔细观察该图，请回答：图中的圆圈缠绕形式是：

A. 同心圆

B. 由外盘旋到中心的螺旋

C. 由中心盘旋到外的螺旋

☆完全解析

"弗雷泽螺旋"是最有影响的幻觉图形之一。你所看到的类似于一个螺旋,但其实它是一系列完好的同心圆!这幅图形如此巧妙,会促使你的手指沿着错误的方向去追寻它的轨迹。因此本题答案为A。

这是一种人们熟知的视错觉。不论观察者对该图观看时间的长短,感觉线条似乎都是向内盘旋直到中心。这种螺旋效应是观察者的知觉产物,属于心理场。如果观察者从A点开始,随着曲线前进360度,就又会回运到A;螺旋线原来都是圆周,这就是物理场。由此可见,心理场和物理场之间并不存在一一对应的关系,而人类的心理活动却是两者结合而成的心物场,每一个小圆的"缠绕"通过大圆传递出去产生了螺旋效应。如果遮住插图的一半,幻觉将不再起作用。1906年英国心理学家詹姆斯·弗雷泽创造了一整个系列的缠绕线幻觉图片。

45. 24点游戏

☆情景测试

心算指的是不借助任何如计算器、计算机等外界工具的帮助,在头脑中进行快速计算的方法。心算能力是基本心理能力中的一种,在日常生活中应用广泛,例如我们的日常购物或者开销计算等。

24点游戏是一种扑克牌类的益智游戏,这个游戏可以调动眼、耳、口、脑等感官的协调活动，很大程度上有利于我们的心算能力以及反应能力的培养。

提供一组四个1～13的阿拉伯数字（扑克牌中的J、Q、K分别代表11、12、13），用加减乘除，使每一组的4个数字运算得出的结果为24（每个数必须用且只用一次）。

例如：（2，8，1，5）可这样连：8/2×（1+5）=24

下面几组数看看你能不能连起来

一般训练：

第一组：（4，5，5，9）

第二组：（3，5，8，8）

第三组：（10，10，4，4）

第四组：（7，2，7，1）

第五组：（3，3，3，3）

第六组：（2，3，7，9）

☆完全解析

第一组：（4，5，5，9）：

［解答］9+4×5 −5

第二组：（3，5，8，8）：

［解答］8+3+5+8

第三组：（10，10，4，4，）：

［解答］（10×10 −4）÷4

第四组：（7，2，7，1）：

[解答] $(7 \times 7 - 1) \div 2$

第五组:(3, 3, 3, 3):

[解答] $3 \times 3 \times 3 - 3$

第六组:(2, 3, 7, 9):

[解答] $2 \times (3 \times 7 - 9)$

目前,高级心算已开始结合珠算,称作珠心算。我们都知道,传统珠算在运算过程中,由于各个器官和肢体的协同动作,是有益智作用的。高级心算利用珠算的基本原理,在人脑中形成脑像图,不需要手指拨珠,直接在人脑中展开运算。这种形象思维大部分依靠右脑活动来进行,因此可以有力地开发右脑功能,进而提高人脑的整体功能。儿童早期教育方面,珠心算的益智方法在台湾地区很是流行。

46. 思维模式测试

☆情景测试

同一个问题,不同人的解决方法不一样,那是因为每个人思考问题的角度不一样。有时一些看似难以解决的事情,若是能够跳出常规思维,换一种方式来思考,就会迎刃而解。

当你在餐厅吃饭的时候,听到柜台的服务生很惊慌地交头接耳,说有一颗炸弹被放在餐厅中,你认为歹徒会把炸弹放在什么地方?

A.厕所　　B.餐厅门口　　C.客人座位　　D.厨房

☆ **完全解析**

选择A：因为考虑到太多细节，你思考问题的速度很慢，当大家都已经进入到下一个话题了，你才冒出一句没头没脑的话。可是你所说的话很有道理，让所有人不得不重视和接纳。你有锲而不舍的精神，会坚持到最后一秒钟，就算不被人理解，也还是会静心等待，一有机会就表达自己的看法。

选择B：你不会有什么稀奇古怪的想法，因为总觉得别人都比你厉害，所以会先听人家怎么说，你才开口。这种谦逊的态度，会让你成为每个人的好朋友，无论做什么都不会忘了你，因为你的配合度高，人也随和，只不过久而久之，你会失去自己的个性，忽略内心的声音。

选择C：你做事的方式循规蹈矩。一旦有一点点超越常规，你就会感到紧张，生怕会有人来揪出你的罪行。在你心中有一把道德的尺，衡量自己，也不时打量一下别人。渐渐地，你的生活就变得很规律，这不知道算不算是另一种"怪"呢？

选择D：你出的馊主意常让大家听了大跌眼镜。你的想法挺诡异的，所以就算有人欣赏你的点子，也不太敢附议。你认为每一个人都有言论自由，所以再诡异的想法也会说出来。你的点子其实都很新颖，若是用在别的地方也许会更恰当，所以请不要放弃，不要有挫败的感觉，总会有派上用场的一天。

47. 你具有创新思维吗

☆情景测试

春雨绵绵，出门在外总要带把伞，你最常选用的伞面花色是哪种呢？

A. 有大面图案的伞面　　B. 零碎小图案的伞面

C. 格子面的伞面　　　　D. 单一素色的伞面

☆完全解析

选择A：你并不是个很有创意的人，但在工作上以及在生活中，若是遇到和你气味相投，并且能够了解你的人，就能够激发出你的潜能，创造力逐渐被打开，超乎想象的创意会跟着跑出来。

选择B：你相当有创造力，脑袋里时不时蹦出鬼点子来，时常会有新的想法，也勇于提出并付诸行动。朋友们也会对你的新鲜想法大感佩服。

选择C：与其说你有创造力，不如说你想象力丰富，因为你的创造力有时候很令人费解，朋友或同事们都摸不着头绪，觉得天马行空，所以不太能够接受。奉劝你一句，创造力也要顾及现实考虑，否则容易沦为海市蜃楼。

选择D：基本上你的创造力不怎么用在工作上，你认为把创造力用在生活或娱乐上会更有趣，至于工作嘛，能好好完成就OK了。所以在朋友眼中你是十足的生活玩家，很懂得享受，而且玩得与众不同。

48. 德国逻辑思考学院测试题

☆**情景测试**

这又是一道逻辑测试题，俗话说得好，脑袋越用越灵活，再来测一测吧。

规则：请于 30 分钟内作答完毕。

题目：

1. 有五间房子排成一列

2. 所有房屋外表颜色都不一样

3. 所有屋主都来自不同国家

4. 所有屋主都养不同宠物

5. 所有屋主喝不同的饮料，抽不同的烟

提示：

（1）英国人住在红色房屋里。

（2）瑞典人养一只狗。

（3）丹麦人喝茶。

（4）绿色的房屋在白色房屋的左边。

（5）绿色房屋的屋主喝咖啡。

（6）抽 Pall Mall 香烟的屋主养鸟。

（7）黄色屋主抽 Dunhill。

（8）位于最中间的屋主喝牛奶。

（9）挪威人住在第一间房屋里。

（10）抽 Blend 的人住在养猫人家的隔壁。

（11）养马的屋主隔壁住抽Dunhill的人家。

（12）抽Bine Masier的屋主喝啤酒。

（13）德国人抽Prince。

（14）挪威人住在蓝色屋子隔壁。

（15）只喝开水的人家住在抽Blend的隔壁。

问题：请问谁养鱼？

☆完全解析

黄色	蓝色	红色	绿色	白色
开水	茶	牛奶	咖啡	啤酒
猫	马	鸟	鱼	狗
Dunhill	Blend	Pall Mall	Prince	Bine Masier

49. 思维定式

☆情景测试

下面的几道小题测试你有没有很强的思维定式。想知道你思维能力到底如何吗？快来测试一下吧。

1. 在荒无人迹的河边停着一只小船，这只小船只能容纳一个人。有两个人同时来到河边，两个人都乘这只船过了河。请问：他们是怎样过河的？

2. 篮子里有4个苹果，由4个小孩平均分。分到最后，篮子里还有一个苹果。请问：他们是怎样分的？

3. 一位公安局长在茶馆里与一位老头下棋。正下到难分难解之时，跑来了一位小孩，小孩着急地对公安局长说："你爸爸和我爸爸吵起来了。"老头问："这孩子是你的什么人？"公安局长答道："是我的儿子。"请问：这两个吵架的人与公安局长是什么关系？

4.已将一枚硬币任意抛掷了9次，掉下后都是正面朝上。现在你再试一次，假定不受任何外来因素的影响，那么硬币正面朝上的可能性是几分之几？

☆完全解析

1.很简单，两人是分别处在河的两岸，先是一个渡过河来，然后另一个渡过去。对于这道题，你大概"绞尽脑汁"了吧？的确，小船只能坐一人，如果他们是处在同一河岸，对面也没有人（荒无人迹），他们无论如何也不能都渡过去。当然，你可能也设想了许多方法，如一个人先过去，然后再用什么方法让小船空着回来，等等。但你为什么始终要想到这两人是在同一岸边呢？题目本身并没有这样的意思呀！看来，你还是从习惯出发，从而形成了"思维嵌塞"。

2.4个小孩一人一个。对于这一答案你可能不服气：不是说4个人平均分4个苹果吗？那篮子剩下的一个怎么解释呢？首先，题目中并没有"剩下"的字眼；其次，那3个小孩拿了应得的一份，最后一份当然是最后一个孩子的，这有什么奇怪呢？至于他把苹果留在篮子里或拿在手上并没有什么区别，反正都是他所分得的，不是吗？

3. 公安局长是女的，吵架的一个是她的丈夫，即小孩的父亲；另一个是公安局长的父亲，小孩的外公。有人曾将这道题对100人进行了测验，结果只有两人答对；后来对一个三口之家进行了测验，结果父母猜了半天拿不准，倒是他们的儿子（小学生）答对了。这是怎么回事呢？还是定式在作怪。人们习惯上总是把公安局长与男性联系在一起，更何况还有"茶馆""老头"等支持这种定式。所以，从经验出发就不容易解答。而那位小学生因为经历少，经验也少，就容易跳出定式的"魔圈"。

4. 二分之一，这道题本来很简单。硬币只有两面，不要说任意抛10次，就是任意抛掷1000次，正面朝上的可能性也始终是二分之一，不会再多，也不会再少了。对这道题，如果没有上题的那种定式在作怪，一般马上就可以说出答案来。

50. 脑筋换换换

☆ 情景测试

脑筋急转弯是具有卓越思维和幽默风格的一种益智形式，是人们需要打破常规思维模式、发挥超常思维才能找到幽默答案的一种思维游戏。我们为你精心准备了一套脑筋急转弯，让你换换脑筋。

1. 有一个人，他是你父母生的，但他却不是你的兄弟姐妹，他是谁？

2. 小王是一名优秀士兵，一天他在站岗值勤时，明明看到有敌人悄悄向他摸过来,为什么他却睁一只眼闭一只眼?

3. 王老太太整天喋喋不休,可她有一个月说话最少,是哪一个月?

4. 在一次考试中,一对同桌交了一模一样的考卷,但老师认为他们肯定没有作弊,这是为什么?

5. 小王一边刷牙,一边悠闲地吹着口哨,他是怎么做到的?

6. 小刘是个很普通的人,为什么竟然能一连十几个小时不眨眼?

7. 小张开车,不小心撞上电线杆发生车祸,警察到达时车上有个死人,小张说这与他无关,警察也相信了,为什么?

☆完全解析

1. 答案:你自己
2. 答案:他正在瞄准
3. 答案:二月
4. 答案:他们都交白卷
5. 答案:他在刷假牙
6. 答案:他在睡觉
7. 答案:他开的是灵车

51. 心理健康指数测试

☆情景测试

一共20道题,根据不同情况选择 A、B、C、D,A 表示最近一周内出现这种情况的日子不超过一天；B 表示最近一周内曾有 1~2 天出现这种情况；C 表示最近一周内曾有 3~4 天出现这种情况；D 表示最近一周内曾有 5~7 天出现过这种情况。

1. 我因一些事而烦恼。

2. 胃口不好，不大想吃东西。

3. 心里觉得苦闷，难以消除。

4. 总觉得自己不如别人。

5. 做事时无法集中精力。

6. 自觉情绪低沉。

7. 做任何事情都觉得费力。

8. 觉得前途没有希望。

9. 觉得自己的生活是失败的。

10. 感到害怕。

11. 睡眠不好。

12. 高兴不起来。

13. 说话比往常少了。

14. 感到孤单。

15. 人们对我不太友好。

16. 觉得生活没有意思。

17. 曾哭泣过。

18. 感到忧愁。

19. 觉得人们不喜欢我。

20. 无法继续日常工作。

☆ **计分方法**

每题答 A 得 0 分，答 B 得 1 分，答 C 得 2 分，答 D 得 3 分。各题得分相加，统计总分。

☆ **完全解析**

16 分以下，说明你可能有轻度的心理困惑，可尝试进行自我心理调整；

得分在 16 分以上，说明你有较严重的心理困惑与烦恼，这时应考虑到专业的心理咨询机构进行心理咨询。

52. 你有焦虑情绪吗

☆ **情景测试**

现代社会充满机会与挑战，或者说是个危险与机遇并存的社会。在这样的环境中，人要保持一份豁达从容的心态似乎很不容易，很多人都渴望拥有并保持一种宁静的心态，然而焦虑却常常把我们包围。你知道自己是否焦虑吗？哪些表现说明自己处于焦虑状态？下面的测试题可以帮你解开心中的困惑。

你最近一个星期的实际感觉：

1. 觉得比平常容易紧张和着急。

2. 无缘无故地感到害怕。

3. 容易心里烦乱或觉得惊恐。

4. 觉得可能将要发疯。

5. 觉得一切都很好，也不会发生什么不幸。

6. 手脚发抖打战。

7. 因为头痛、颈痛和背痛而苦恼。

8. 感觉容易疲乏和困倦。

9. 觉得心平气和，并且容易安静地坐着。

10. 觉得心跳得很快。

11. 因为一阵阵头晕而苦恼。

12. 曾经晕倒过，或常觉得要晕倒似的。

13. 吸气呼气都感到很容易。

14. 手脚麻木或刺痛。

15. 因为胃痛和消化不良而苦恼。

16. 常常要小便。

17. 手常常是干燥温暖的。

18. 脸红发热。

19. 容易入睡并且睡得很好。

20. 做噩梦。

☆ 计分方法

得分\选项\题号	没有或很少时间	小部分时间	相当多时间	大部分或全部时间
1	1	2	3	4
2	1	2	3	4
3	1	2	3	4
4	1	2	3	4
5	4	3	2	1
6	1	2	3	4
7	1	2	3	4
8	1	2	3	4
9	4	3	2	1
10	1	2	3	4
11	1	2	3	4
12	1	2	3	4
13	4	3	2	1
14	1	2	3	4
15	1	2	3	4
16	1	2	3	4
17	1	2	3	4
18	1	2	3	4
19	4	3	2	1
20	1	2	3	4

☆ 完全解析

把 20 题得分相加为粗分,把粗分乘以 1.25,四舍五入取整数,即得到标准分。焦虑评定的分界值是 50 分。分值越高,焦虑倾向越明显。

53. 积极情绪影响测试量表

☆ 情景测试

在日常工作和生活的人际交往中,我们的言行常常反映着我们的心态和影响力,从而影响了人际关系和幸福指标。本量表共由 15 道题目组成,可用来了解自己的积极影响能力。请根据目前自己的实际情况如实回答"是"或"否"。

1. 我在过去的 24 小时里帮助过一个人。

2. 我是一个非常有礼貌的人。

3. 我喜欢与心态积极的人相处。

4. 我在过去的 24 小时里夸奖过一个人。

5. 我有一种本领,能让别人心情愉快。

6. 我与心态积极的人在一起时做事效率更高。

7. 在过去的 24 小时里,我告诉一个人,我对他/她很关心。

8. 我每到一地,都刻意结识别人。

9. 我每次受到表扬,都想表扬别人。

10. 上个星期,我听别人诉说他/她的目标和理想。

11. 我能让心情不好的人笑。

12. 我刻意以我的同事喜欢的方式称呼他们。

13. 我关注同事们的优秀表现。

14. 我见到别人时总是笑容满面。

15. 见到优秀表现，及时给予表扬，使我心情舒畅。

☆完全解析

你的选择有几个"是"呢？如果少于6个，请反思一下吧，你缺乏良好的积极影响力和人际关系，而且主控权在你手里。你可以通过有意增加以上问卷中"是"的数量来改善自己的积极影响力，三个月以后，你会发现，你的生活发生了很多变化。

54. 你会正面发泄愤怒吗

☆情景测试

你是不是会正面发泄愤怒呢？许多人把愤怒和攻击行为视作人类生活中的非积极因素。但不管个人所处的文化如何，都必须学会正面发泄愤怒，可惜的是，很少有人懂得这样做。你能分得清愤怒的表达与攻击行为吗？你知道怎样正面发泄愤怒吗？下面的测试或许能为你提供答案。

1. 我从没有或极少发怒。

2. 我避免表达愤怒，因为大多数人会误解为仇恨。

3. 我宁愿掩盖对朋友的愤慨也不愿冒失去他的风险。

4. 还没有人靠大发雷霆在争论中获胜。

5. 我愿意自己解决怒火，不愿向别人倾诉。

6. 遇到沮丧情景时发怒，不是成熟或高尚的反应。

7. 你对某人正发怒时，处罚他可能不是明智的行为。

8. 发怒时越说越怒，只会把事情弄得更糟。

9. 发怒时，我通常掩饰，因为我怕出丑。

10. 当对亲密的人感到生气时，应当以某种方式说出来，即使这样做很痛苦。

☆ **计分方法**

以上各题，如果你"完全同意"得1分，只是"部分同意"得2分，"不同意"得3分，然后计算总分。

☆ **完全解析**

24～30分：你承认愤怒情绪的存在，并知道怎么表达才能更好地维护人际关系。

17～23分：你知道怎么表达并消除愤怒，但还有改进空间。

10～16分：你不知道该怎么消除愤怒来改善与他人的关系。也许你觉得愤怒会让你内疚，特别是亲人惹你生气时。记住：当场表达你的愤怒，胜过事后幻想报复。

55. 你的情绪化指数

☆ **情景测试**

对感情敏感或者细腻的人，在心理学上来说很容易情绪化，今天就进入你的潜意识，来测验一下你的情绪化指数到底有多高？

当你一早起来看见自己的脸油油亮亮又脏脏的，你会有什么样的表情？

A. 没表情的呆脸

B. 生气的大臭脸

C. 皱眉的苦瓜脸

☆**完全解析**

选择A：情绪化指数50%，只有感情会让你动不动情绪起波动。在工作上很理性，会克制自己，觉得不能太情绪化，因为这样不够专业，不过在私生活上就没有那么理性了，很容易因为感情造成情绪波动。

选择B：情绪化指数20%，内敛的你，喜怒哀乐藏在心里，不想让别人担心。很压抑，认为自己就是让别人依靠的，所以不管有多苦，都会压在心底。但是有一点要注意，你可能有暴力倾向。

选择C：情绪化指数99%，感情脆弱又敏感的你，极易被外界影响，然后把情绪写在脸上。属于感觉派，感觉来的时候，就会非常脆弱敏感，担心别人是不是讨厌自己，怀疑是不是自己不够好。

56. 情绪紧张度测试

☆ **情景测试**

生活节奏的加快、社会竞争的加剧以及频繁遭遇挫折等情况，都会使人产生紧张感。一个人如果长期处于紧张状态，身体免疫系统的抵抗能力就会降低，甚至使人不能有效地适应外界环境而罹患各种疾病。因此，长期过度紧张对人体是有害的。那么你的情绪紧张度怎样呢？

下面共有29道题目，回答时请用"有"或"无"作答，然后进行评判。

1. 常常毫无原因地觉得心烦意乱、坐立不安。

2. 临睡时仍在思虑各种问题，不能安寝。即使睡着，也容易被惊醒。

3. 肠胃功能紊乱，经常腹泻。

4. 容易做噩梦，一到晚上就倦怠无力，焦虑烦躁。

5. 一有不称心的事情，便大量吸烟，郁郁寡欢、沉默少言。

6. 早晨起床后，就有倦怠感，头昏脑涨，浑身没劲，爱静怕动，消沉。

7. 经常没有食欲，吃东西没有味道，宁可忍受饥饿。

8. 稍微运动，就会出现心跳加速、胸闷气急。

9. 不管在哪儿，都感到有许多事情不称心，暗自烦躁。

10. 想得到某样东西，一时不能满足就会感到心中难受。

11. 偶尔做一点儿轻便工作，就会感到疲劳、周身乏力。

12. 出门做事的时候，总觉得精力不济、有气无力。

13. 当着亲友的面，稍不如意，就会勃然大怒，失去理智。

14. 任何一件小事，都会始终盘桓在脑海里，整天思索。

15. 处理事情唯我独尊，情绪急躁，态度粗暴。

16. 一喝酒就过量，意识和潜意识里都想一醉方休。

17. 对别人的病患，非常关心，到处打听，唯恐自己身患同病。

18. 看到别人成功或获得赞誉，常会嫉妒，甚至怀恨在心。

19. 置身繁杂的环境里，容易思维杂乱、行为失序。

20. 左邻右舍家中发出的噪声，会使你感到焦躁发慌，心悸出汗。

21. 明知是愚不可及的事情，却非做不可，事后又感到懊悔。

22. 即使是休闲读物也看不进去，甚至连中心思想也搞不清楚。

23. 一有空就整天打麻将，混一天是一天。

24. 经常和同事或家人甚至陌生人发生争吵。

25. 经常感到头疼胸闷，有缺氧的感觉。

26. 每每陷入往事便追悔莫及，有负疚感。

27. 做事说话都急不可待，措辞激烈。

28. 遇到突发事件就失去信心，显得焦虑紧张。

29. 性格倔强固执，脾气急躁，不易合群。

☆ **完全解析**

如果回答"有"的题目在9道以下，属于正常范围。

如果回答"有"的题目在10～19道之间，为轻度紧张症。

如果回答"有"的题目在20～24道之间，为中度紧张症。

如果回答"有"的题目在25道以上，为重度紧张症。

轻度紧张症可以采取保护性措施，如用绘画、养花、阅读、书法、钓鱼等进行自我调节，放松心情。还可以积极参加体育活动或者进行一些工作之外的文娱活动。最后，一定要养成有规律的生活习惯，适当增加营养，提高意志力。中度及重度的紧张症患者单靠调节是不够的，必须进行健康检查，或进行心理咨询及心理治疗。

57. 你有偏执型情绪吗

☆ **情景测试**

偏执程度心理测试：测测你的情绪是否"过火"了！

1. 你对别人是否求全责备？
2. 老是责怪别人制造麻烦？
3. 感到大多数人不可信？
4. 会有一些别人没有的想法和念头？
5. 自己不能控制发脾气？
6. 感到别人不理解你，不同情你？
7. 认为别人对你的成绩没有做出恰当的评价？
8. 老是感到别人想占你的便宜？

☆ **计分方法**

"没有"得1分,"很轻"得2分,"中等"得3分,"偏重"得4分,"严重"得5分。

☆ **完全解析**

10分以下:恭喜你,你不存在偏执情况,是个平心静气的可爱的人。

15~24分:你可能存在一定程度的偏执,如果总觉得环境不顺心,要提高警惕,原因可能在你自己身上!

25分以上:你有偏执症状,一定要控制情绪,不要"擦枪走火"。另外,在遇到很大障碍时,你最好求助于心理医生。

58. 你的嫉妒心有多强

☆ **情景测试**

有人说:"爱情是盲目的。"其实,嫉妒才是盲目的,所以犹太人有一句俗话:"嫉妒有一千双眼睛。"还有一句俗语:"恋爱是盲目的,但嫉妒比盲目更坏,因为它连看不到的东西都要看。"你是一个爱嫉妒的人吗?你的嫉妒心有多强?

请回答下面的问题,只需要回答"是"或"否"。

1. 你熟知的人成就很大时,你会感到生气吗?
2. 你是否感到其他人生活得更舒适?
3. 你想占有朋友的东西吗?
4. 你想占有自己的亲戚的东西吗?

5. 假如你的配偶在看他（她）以前恋人的照片，你会感到伤心吗？

6. 你是否担忧自己的配偶还爱着从前的恋人？

7. 你是否坚持要了解自己配偶的全部经历和做过的事？

8. 假如别人赞美你的配偶十分迷人，你会感到不安吗？

9. 你是否嫉妒别人的生活？

10. 你是否嫉妒别人的家庭？

11. 你是否嫉妒别人的性生活？

12. 你是否嫉妒别人的衣服？

13. 你是否嫉妒别人的工作？

14. 你有没有讲过自己朋友的坏话？

15. 假如朋友外出游玩而没有邀你一起去，你会感到伤心吗？

☆计分方法

回答"是"得 1 分；"否"得 0 分，计算总分。

☆完全解析

10 分以上：你的生活已经被嫉妒心理破坏了，已经损害了你与他人的关系。你对自己的一切逐渐不满。在嫉妒心理产生更大的危害之前,你确实应该努力抑制它。

4~9分:你的嫉妒心较强,但这并不是你生活中唯一的情感。嫉妒心影响了你与他人的关系,影响了你对他人的感情,但它并没有占据主导地位。如果你可以学会克制,一定可以从中获益。

3分以下:在你的生活中,嫉妒心所产生的作用十分小,这是一种合理的、自然的人类情感。

59. 人际关系中的情商衡量

☆**情景测试**

一个人情商的高低会直接影响他人际关系的好坏,而人际关系的好坏又和一个人的事业能否成功密切相关,可见情商在人际关系中十分重要。你的人际关系怎样?做一做下面的测试,便可知晓。

在公司的周年庆典上,你的秘书在斟茶倒水时,不小心把一个庆典花瓶打碎了,这个庆典花瓶是老总从古玩市场上特意挑选的,价值不菲。这时你的第一应急措施是对秘书说:

A. 不要紧,我替你想办法。

B. 又不是咱们的，坏了就坏了，管它呢。

C. 老总人很好，道个歉就行了。

D. 这只花瓶值好几万，真糟糕。

☆完全解析

选择A：你做事勇于主动承担责任，处理问题会三思而行，在人际圈子里因此而受人倚重。

选择B：你为人清高，不愿受他人指使。虽然你可能有能力，但不太适合团队合作。

选择C：你做事情喜欢靠直觉，工作中容易受到情绪干扰。

选择D：你做事情的方式有些急躁，在人际关系上的处理也不够圆滑。

60. 你有包容心吗

☆情景测试

人生活在社会中谁不会犯错误呢？但人们往往在对待他人的失误、批评和攻击时会耿耿于怀，最后伤了感情又伤了身体。本题测一测你是否是个有包容心的人，请对下列问题做出判断：

1. 看着某人心里很不爽？

2. 你是否对所受的委屈一直耿耿于怀？

3. 你是否对诸如地铁里有人不敬地盯着你，或袖子沾上汤汁之类的小事长时间感到懊恼？

4. 你是否经常不愿跟人说话？

5. 你在工作时会不会因为别人的谈话而感到厌烦？

6. 你是否会长时间地分析自己的心理感受和行为？

7. 你做决定时是否经常会受当时情绪的影响？

8. 你会不会被蚊子搞得很难受？

9. 你自卑吗？

10. 你是否时常情绪低落？

11. 在与人争论时，你是否无法控制自己的嗓门，导致说话声音太高或太低？

12. 你爱发脾气吗？

13. 是不是连可口的饭菜或喜剧片都无法让你低落的情绪好起来？

14. 与别人谈话时，如果对方怎么也弄不明白你的意思，你会不会发火？

☆计分方法

如果你回答"是"，加 0 分；如果回答"不知道"或"都有可能"，加 1 分；如果回答"不是"，加 2 分。

☆完全解析

23～28 分：你一定是个心胸宽广的人。你的心理状态相当稳定，能够驾驭生活中的各种情况。你给人的印象很可能是独立、坚强，甚至还有点儿"脸皮厚"。但你不必在意，大家都羡慕你呢！

17～22 分：你心胸不够开阔。你可能比较容易发火，对使你受委屈的人说一些不该说的话,这会导致单位和家庭中出现矛盾,之后你可能又会后悔,因为你人不坏,心肠也不硬。你要学会控制自己,事先尽量多想想,考虑清楚。

0~16分:你心胸有点儿狭隘。考虑事情不要只站在自己的角度,多想想别人,可能会让你心胸开阔些。

第四章

财富和健康测试：你幸福的基石有多牢

61. 测测你的金钱欲

☆ 情景测试

你会不会拼命去赚钱呢？这也关乎你的金钱欲望，想要看看你的金钱欲望有多大吗？让我们马上开始吧。

参加友人的婚礼，由于不喝酒，所以选择果汁，但是吧台上有四个玻璃杯，玻璃杯的果汁分量各不相同，你会选择哪一杯？

A. 半杯　　　　　　　　B. 满杯

C. 空杯（自行倒果汁）　　D. 七分满

☆ 完全解析

选择A：你不是一个金钱欲望很重的人，你在金钱的问题上很小心，也许你在处理任何事情的时候均抱持慎重的态度，只不过是对待金钱更加慎重罢了。

选择B：选择果汁满杯的人，你肯定是一个对金钱追求很强烈的人，甚至有点儿极端，所谓守财奴型的人多会选择此杯。

选择C：这种人怀有强烈的金钱欲望，但对理财却不擅长。情绪不定，因此所抱持的价值观也就时常改变。

选择D：你对待金钱一事处理得很不错，尽管你对金钱有欲望，但不会让这种欲望表面化，你把自己控制得很好，踏实稳重，不会一心想赚大钱以致铤而走险做出像赌博般的冒险行为。

62. 你有什么样的金钱观念

☆**情景测试**

从平时的生活细节就能看出你的金钱观念。你刷牙的时候有什么特别的习惯？从这些习惯中就能看出你对金钱的看法：是最高的追求，还是只觉得是身外之物呢？

你怎样刷牙？

A. 一边让水龙头开着一边刷牙　　B. 急速刷两三下完毕

C. 慢慢仔细地刷　　　　　　　　D. 只漱漱口就完毕

☆**完全解析**

选择A：不管你怎么看待金钱，可要注意节约用水！你的表现说明你算是视金钱如粪土，有时大把挥霍，有时身上不留一文。如果你不是什么富二代，那就要学会节约了，否则总有一天会入不敷出。

选择B：你的行为非常普遍，很多人都是这样的。你不会是铁公鸡，也不会挥霍无度，属于普通型。

选择C：你很看重金钱，一分钱都不浪费。虽然节约不是坏事，但是太过斤斤计较就不好了。从你的表现来说，你对金钱有点神经质，可能会被认为是葛朗台。

选择D：你就像是一个贪心又有赌瘾的赌徒。由你的表现看，你好大喜功又浮华，有多少花多少，还有债没还清就想再借贷，这样可不好，有闯劲儿也要顾及现实情况。

63. 你的理财能力如何

☆**情景测试**

你是一个单身贵族还是刚成家的小青年？还是已经有了上有老下有小的稳定家庭？其实无论当下的你是走在人生的哪一个阶段里，"钱"这个事情一直是围绕着你的，所以学会理财对于每一个现代人来说，都是一项不可或缺的生活技能，最关键的是，理财能力的高低在很大程度上影响了你这一辈子的成就。以下的小测试可以帮你检验一下你的理财能力是否过关。

1. 现在手头上有多少钱？
   A. 精确地知道　B. 知道大概　C. 完全没有概念
2. 你知道多少投资项目？
   A. 5个以上　　B. 2~5个　　C. 只知道放在银行生利息

3. 你的钱主要用在哪里?

A. 全存在银行　　B. 全花光　　　　C. 做了好几项投资

4. 你清楚每个月的开支是多少吗?

A. 心中没底　　B. 不透支就不管　　C. 都在计划内

5. 买大件商品时你会怎么做?

A. 货比三家,选性价比最高的下手

B. 品牌优先　　C. 能用就行

6. 逛商场时你是怎样的?

A. 看见喜欢的就买,回家才发现很多都是没用的,很是后悔。

B. 大致买些需要的东西,随性而行。

C. 买什么东西心中有谱,打折促销的才可能入你眼。

7. 别人给你好看的旧衣服时,你会怎样?

A. 欣然接受　　B. 勉强收下但不穿

C. 怕面子挂不住而坚决不收

8. 对于请客吃饭这个事你怎么看?

A. 量力而行,不给自己添负担。

B. 在可控的范围内尽量挑好的。

C. 为了面子不顾口袋,倾囊而出请客。

9. 买房子时你会如何筹钱?

A. 量入为出,按揭买房。

B. 努力攒钱,一次付款。

C. 喜欢的就买了,钱的事不够就找人借。

☆ **计分方法**

得分\题号\选项	1	2	3	4	5	6	7	8	9
A	2	2	0	0	2	0	2	2	2
B	1	1	1	1	1	1	1	1	1
C	0	0	2	2	0	2	0	0	0

☆ **完全解析**

0～4分：目前的你不太适合管理财物，你应该多学习理财知识再动手，比如仔细读几本理财类书籍与杂志。

5～9分：恭喜你已经意识到钱是需要费心打理的，但你也需要多关注你的钱袋子，多看看周围的人是如何管理自己资源的，你的理财能力有待进一步提高。

10～13分：你具有一定的理财能力，但还不够理性消费，有时候会买贵了。如果你可以对花出去的每一元钱都多一份关注的话，你可以发现身边的其他理财资源。

14～18分：你在理财上是一个高手，大家都应该向你学习，你懂得如何将身边的资源利用起来，使其发挥最大的功用。

64. 你做怎样的发财梦

☆ **情景测试**

当今社会，钱是不可或缺的，无钱寸步难行。你一定无数次地梦见自己的枕边有黄金万两吧！你的黄粱美梦是终将实现呢，还是会被现实击得粉碎呢？

一个垂暮的老人独自站在高楼的窗前眺望窗外繁华的街道，你猜他在看什么呢？

A. 热恋中的情侣　　　　B. 停在街道旁的名车

C. 路旁高大茂密的树　　D. 不停闪烁的红绿灯

☆完全解析

选择A：你本来就没有强烈的发财欲望，也许只是想安于现状。由于你太乐观，所以你把发财梦想得太简单，将问题简单化，所以可能把自己的目标定得有点儿高了。现在你要做的，就是把致富的目标定得低一点儿，让它更加切合实际。

选择B：你是一个拜金主义者，财富是你毕生最大的追求。你憧憬和渴望幸福的生活，你有很好的理财观念和能力，办法也很多，有时候会不惜一切致富。

选择C：你总把自己的发财梦控制在最近能够实现的范围内，所以你很少有惊喜，也很少会失望。你很现实，目标贴合现实，容易实现。这种做法非常可取。这是因为你比较诚实、踏实、低调，对待上司忠实而认真，你是个不错的副手。

选择D：你比较现实，很少会做关于金钱的白日梦。你守规矩、胆小懦弱，做事也比较谨慎。你很难发大财，不过你可以做一些财会工作，在这方面，你的才能和特长就能发挥出来了。跟你一起生活会稳中有升，倒是个不错的考虑对象。

65. 你的理财盲点在哪里

☆ **情景测试**

一般出国旅行肯定会购物，尤其是当地的跳蚤市场，不但价格极有弹性，还可以挖到不少物美价廉的宝贝，回国后可能价位会翻好几倍呢。做一个小测试吧，看看你会买什么东西收藏，从中发现你的理财观念和盲点。

你对下列哪一项物品最感兴趣呢？

A. 古董相机　　　　B. 手工织毯

C. 古银首饰　　　　D. 书画艺术品

☆ **完全解析**

选择A：你绝对不是一个理财高手，你把开源和节流两种工作分得很清楚，而你也觉得开源比较适合自己，你认为花钱就是要让自己开心，所以委屈自己的事情绝对不会做，你觉得每一件物品都花得很值得，无论是吃的住的还是用的。当然你的品位很不错，所以建议你把这种品位转移到投资上来，选到可以增值的物品。从这个角度讲，你的收藏癖好就不再是个花钱的癖好了，有一天还能有一点儿回报价值。

选择B：你是一个耳根子软、情感丰富、对人毫无防备之心的人。推销员最喜欢遇到你这样的顾客了，因为你对他们的话会照单全收，你是一个感性的消费者，家里人很怕你出门乱花钱，最怕在销售员的怂恿下把全部家产都花光了。所以你必须对自己的支出有个预算，控制好消费，不然你永远是一个负债者。

选择C：你觉得财富是慢慢积累的，所以对每一分钱都很重视，你尽可能地从各处节省，所以有一笔小积蓄，但这样节流的存钱方式太慢了，你还不能有效地管理钱财。如果你可以将暂时不需动用的存款做一些投资，会给你带来意想不到的收获。

选择D：你是一个有梦想的人，但也是一个不切实际的人。你也不是一个懂得理财的人，甚至不知道应该从哪里开始理财比较好。你不想把钱投入风险大的股票市场，也不想干巴巴地放在银行。你可能关注投资市场很久了，但就是没有大动作，对你来说最好就是找一个可以信赖的人，帮你做投资理财。

66. 你适合哪种理财方式

☆ **情景测试**

理财方式多到让人眼花缭乱，你肯定没有那么多钱去一一尝试，那到底哪种更适合你呢？测试一下吧。

如果你的宠物是一只狐狸，你最欣赏它的是什么？

A. 美丽的毛皮　　　B. 懒懒的样子　　　C. 亮亮的眼睛

☆完全解析

选择A：你是一个传统的人，适合稳健的投资方案，所以传统的理财手段会为你的收入带来保障。

选择B：你是一个没有耐心的人，缺少应对传统理财方式的耐心，所以涉足新的渠道和领域会为你带来不错的收益。

选择C：你是一个心理素质高的人，有驾驭复杂局面的判断力和行动力，所以高风险的计划会对你有吸引力。

67. 谁动了你的钱

☆情景测试

如果你要参加商场免费抢购活动，只给你一分钟时间，在这个时间里你抢购到的东西都是免费的，你第一个想抢的东西是什么？

A. 在二楼的钻戒

B. 离收银台有点远的手机

C. 离收银台只有十步之遥的42英寸液晶电视

D. 离收银台最近的巧克力

☆完全解析

选择A：你大部分的开销都在吃上面，美食的诱惑你无法抵挡！

你的观点是，人生的第一享受就是品尝各种美食，任何诱惑也不如美食诱惑那样让你无法抗拒。你的味蕾很广，只要是美食你都不会放过。当兴致来时，你会自己下厨煮饭，为自己做上一顿丰盛的晚餐，并津津有味地享受辛劳后的成果。对于你来说，金钱都变成你肚子上的脂肪了，难道你真的想这样就过一辈子吗？

选择B：你的金钱都用于理财投资了！

你赚钱的欲望很强烈，而且是一个理财高手。每当听到别人有赚钱的好办法，你都想试一下，比如专家说看好未来的房市，你恨不得马上就投资房地产。你的出发点是好的，为了能赢得更多的财富，就将暂时不用的钱投资到市场中。但要提醒你，任何投资都是带有风险的，一定要有计划地进行，不能听到什么就是什么。投资理财可以是一生的功课，如果一味盲信权威，最后的结局肯定是输多赢少。

选择C：你的金钱都用在购物上了！

你经常出现在商场里，那些专柜的产品常常令你流连忘返，看到最新的产品时，你肯定会心动，如果遇到打折，你更是不能自拔要消费了，倘若此时售货员再给你美言几句，你肯定马上掏出信用卡，可是当月底收到催缴单时，你又会后悔不已。

选择D：你的金钱都用在家人身上了！

你是一个恋家的人，对你来说拥有家的温暖要比什么都重要。你很懂得过日子，你会对着超市的宣传册看，对比哪一家的水果便宜，哪一家的洗衣粉今天有特价，你会选择最优惠的一天下手购买。你的大部分收入都贴到了家用上，不仅为柴米油盐精打细算，对于家人的衣食住行更是尽量满足。可能对于外人来说，你过着这样的日子很忙碌也辛苦，但你认为这是一种享受。

68. 从吃鱼方式看你的花钱态度

☆情景测试

在你的面前有一条鲜嫩爽口的大石斑鱼，垂涎欲滴的你会首先向鱼的哪个部位下手呢？这个小测试就是从吃鱼方式看出你的花钱态度。

A. 鱼头　　　　B. 鱼腹（中间）

C. 鱼尾　　　　D. 没有特定地方，到处乱吃

☆完全解析

选择A：你是一个乐天派，只要是中意的东西，就一定会想方设法地得到手。可能平时你也会存钱，但有时候还会出现大量采买的可能，你也不必太过担心，因为能让你看中的东西不多，所以发生这种情形的频率并不高。

选择B：每当百货公司的花车在做特价活动，你肯定会在现场"作战"，特别对于吃的、穿的你肯定不会过多考虑的，只要是喜欢的就会买，所以你经常刷爆自己的信用卡，成为负债累累的可怜虫。

选择C：你是标准的铁公鸡，你对金钱是能不花肯定不会花，买个泡面都要考虑是买碗装还是袋装，会衡量是花多点

儿钱但不需洗碗呢，还是花少点儿钱要用洗洁剂洗碗。

选择D：你是一个做事没有目标的人，你可能忙忙碌碌一整天也没有做出什么事，所以你对待金钱的态度也是如此，你不适合理财。

69. 你做什么职业最赚钱

☆ **情景测试**

站在人生的岔路口，你可能会迷茫了，不知道到底哪种职业才是最适合自己的，不用担心，以下的小测试可以帮到你。请在以下植物中选一种你最欣赏的。

A. 木棉　　B. 玫瑰　　C. 郁金香　　D. 香水百合

☆ **完全解析**

选择A：木棉花是一种很朴素的花，从你的选择看出你是一个爽快、不会玩阴谋诡计的人。这样的话从商是不适合你的，商场上的尔虞我诈你应付不来。反而适合写作，如果你具备文学艺术天分的话，这个行当可以发挥你的特长。

选择B：玫瑰美丽但有刺，你生性浪漫、任性，喜欢过无拘无束的生活，你的追求就是自由、宽松的生存空间。你充满艺术细胞，可以把最好的时光都用在吟诗诵月般的虚幻中，所以你要明确一点，你不是--个适合干体力活的人。

选择C：你的感情十分细腻，也是情感的狂热分子。但由于三分钟热度，所以做事虎头蛇尾。只要你可以把一件事情彻彻底底、一丝不苟地完成，你就成功了。

选择D：你在生活中是一个非常严谨的人，你把生活安排得井井有条，有较高的审美能力和创造能力，你的发型可以保持常年不变，你爱干净，容不得脏东西。所以你适合选高难度有挑战性的职业，千万不要浪费了你的"百万富翁"坯子。

70. 三年后你是穷还是富

☆ **情景测试**

如果你正在进行减肥计划，而你的朋友却偏偏在这时请你吃大餐，你认为他的心态是什么？（大家一定要看仔细）

A. 只是顺便叫你吃饭，没有别的意思。

B. 心疼你，怕你减肥太辛苦。

C. 考验你减肥的意志力够不够坚强。

D. 逗你开心，希望你轻松面对减肥。

☆ **完全解析**

选择A：你会默默努力，充实自己，所以三年后，你将会衣食无忧。这类人性格多较为老实，也比较单纯，自己分内的事情一定会努力做好，因此专业基础也打得扎实。虽然可能难以大富大贵，但还是会因为专业精深而大赚一笔。

选择B：你缺乏打拼的动力，三年后的你，可能还是现在的样子。你安于现状，活在当下，喜欢细细品味人生，挑选工作时，更注重是否合乎他的尊严或他的喜好。

选择C：你是个潜力无穷的小富翁，三年后的你，即便不会大富，也绝对是一个绩优股。这类人学习能力超强，善于判断分析，因此成为绩优股的机会很大。

选择D：你是极端享乐者，所以，三年后的你可能会沦落到向亲友借钱度日。你十分孩子气，认为开心就好了，有着一副好心肠，耳根子也很软。

71. 你是个理性的投资者吗

☆ **情景测试**

这是一个投资的时代，而投资的正确与合理显得极为重要，盲目投资通常会导致人们面临无法承受的严重损失。你是不是一个理性的投资者？来测一测吧。

参加工作后领到的第一份工资，你是如何分配的？

A. 花一些存一些　　B. 没计划地花光
C. 有计划地花光　　D. 已经忘记了

☆完全解析

选择A：你是位现实主义者，做人做事都习惯留有相当大的空间，你不愿承受太大的风险，同时也不愿失去好的创业机会，因此事业相对平稳，不过发展也较缓慢。

选择B：你的企业发展易造成"经济泡沫"，容易跟风，随波逐流，不能统筹规划、理性投资。不过你个性精明，善于把握商机，如果能寻一位超强的投资专家为合伙人，相信成功就属于你。

选择C：你胆大心细，做事目的性强，是位理财高手。面对商机能够看准形势全力出击，加之成功的管理，会促使企业更加迅猛地发展。

选择D：对于目前的创业投资规划不清晰，因为现状较好，故不用过多顾及以后发展会怎样。建议你制定合理的投资方案，保障长足发展。

72. 财神何时到你家

☆情景测试

尽管金钱不是衡量一个人成功与否的唯一标准，但在当今社会中，成功人士的口袋中缺钱的为数不多，也就是说，有钱在一定程度上已经与有作为画上了等号。

也许你目前正处于锻炼自我、提高能力的阶段，虽有壮志，却无钱财，那也不必着急，只要掌握了积累财富的方法，何愁不发财呢？先做个测试吧！每题共有3个选项：A. 是；B. 不知道；C. 否。选择适合你的一项，看看财神何时到你家。

1. 你经常买福利彩票吗？

2. 你喜欢吃甜食吗？

3. 你喜欢打麻将吗？

4. 你喜欢说些令人吃惊的话吗？

5. 你的体重适中吗？

6. 你常去商店买打折的物品吗？

7. 小时候你拥有许多玩具吗？

8. 你的亲友有人经商吗？

9. 你看到想要的东西一定要得到吗？

10. 你喜欢追逐时尚吗？

11. 你能独自一人完成一项任务吗？

12. 你从小到大从未缺过钱吗？

13. 在银行有你的户头吗？

14. 你很少借钱给别人吗？

15. 你觉得自己很聪明吗？

16. 你会同意以分期付款的方式买房、买车吗？

17. 你每月都去储蓄吗？

18. 你愿意为了大局牺牲小的利益吗？

19. 你会在公共场合捡起一角钱吗？

20. 你从没做过丢钱或被抢劫的梦吗？

☆计分方法

选 A 计 3 分，选 B 计 2 分，选 C 计 1 分，最后汇总得分。

☆完全解析

0～20 分：花钱如流水型。你的一生不会有太多储蓄。你不是不能挣钱，而是不能存钱。你只图眼前的享受，不为以后着想，丝毫没有储蓄的念头。计划用钱，减少开支，对你而言是件痛苦的事。你属于高收入、高支出的类型。吃、喝、玩、乐不愁没钱，也不会陷于拮据。25～35 岁间，赚钱、花钱最为显著。这时候若能好好攒钱，不过分挥霍，应会有舒适的晚年生活。

21～30 分：老来有财运型。你小时候可能非常缺钱用，连零花钱也是少之又少，不过随着年龄的增长，在 20、30 岁后，你很能赚钱，而且你本身又不太浪费，也不随便借给人钱。40 岁左右是你赚钱的大好时机，投资金属、宝石、土地和不动产等，甚至独自经商，都是赚大钱的良机，成为亿万富翁也有可能。即使丧失了这些良机，成不了亿万富翁，你也能成为小财主，过着舒适的晚年。

31～44 分：缺乏财运型。因为你缺乏财运，自小就没有财神爷光顾，心中最好不要存有赚大钱的念头，也不能从事投机事业，否则不但赚不到钱，反而会吃不了兜着走的。大约 25 岁才会有财运，生活上不再愁钱，但一接近 30 岁又再度面临缺钱的困境，也不可能得到双亲的接济。你的财运在30～40岁之间最为重要，一旦不能把握，过了50岁，想赚钱就更难了。所以你存钱的唯一良方就是节俭，尽可能存钱，尽可能有计划地用钱，丝毫也不能浪费。这种攒钱的方式是有些辛苦，不过你的一生会很平安。

45～60分：财运滚滚型。不会满足于平凡的生活，憧憬飞黄腾达。虽有过分的欲望，可是不会招致严重的不幸。你是财运高照的类型，抱着与其孜孜不倦赚钱、存钱，不如意外发大财的想法。你的性格决定你30岁左右适合自己办厂、制造商品，而且这种产品并非一般人能注意到的，由于没有竞争者，因此大赚其钱。不过在30岁左右所赚的钱，也容易大量花费在异性身上，但也不会为此而弄得人财两空。你一缺钱，就会设法赚钱，到50岁财神爷会再度降临，做任何事都能一帆风顺，生活上不会有拮据的困境。过了60岁，花掉的金钱虽想再赚回来，但已身不由己了。所以要为你的晚年生活留条后路。

73. 你未来的财富看涨指数

☆ **情景测试**

在现实生活中，人们羡慕已经富裕起来的人，更期望自己也能很快富起来，想知道你未来的财富看涨指数吗？请做下面的测试。

假如有一天你早上醒来发现自己被外星人抓走，你会怎么做？

A. 想办法逃走　　　B. 装死

C. 求他们放自己走　D. 与外星人拼死搏斗

☆完全解析

选择A：财富行情看涨指数55%。你为人勤奋，只要有机会就会学习一些实用的工作技能，一旦时机成熟你一定会令人刮目相看。

选择B：财富行情看涨指数90%。你的IQ和EQ都非常高，懂得分享和包容，会让大家觉得你不仅仅是事业成功，做人方面也非常沉稳。

选择C：财富行情看涨指数20%。你专注于自己所从事的工作，希望能做得更好，只要能把自己分内的事情做好，总有一天你会成功。

选择D：财富行情看涨指数50%。你做事果敢，敢于冒险，这种性格在生意场上不是大赢就是大输。只要学会控制风险，财富就能稳步增长。

74. 你的发财梦切合实际吗

☆情景测试

每个人都想成为追求财富的赢家，每个人都希望自己能实现发财梦，可并不是每个人都能顺利地实现这个梦，想知道你能否实现财富的梦想吗？请做下面的测试。

偷窥的经历每个人都有过。如果有一天,当你走在街上时,发现高高的围墙上有一个小小的洞,你希望从那个洞口看见什么?

A. 一对男女　　　　B. 富丽堂皇的宅邸

C. 花园或草坪　　　D. 看门狗或警卫

☆**完全解析**

选择A：你是一个标准的乐观主义者,因而一定要仔细审核自己的致富目标是否切合实际,是否在你的能力范围之内。

选择B：你是一个金钱的崇拜者,总在憧憬着奢华的生活。你的挣钱目标是客观的,但告诫你,要为了事业而努力工作,不要只是为了金钱而拼命。

选择C：你是一个很现实的人,目标总是很客观、很容易实现。你总是稳扎稳打。如果再多一点儿闯劲和激情的话,那就更完美了。

选择D：怯懦是你给人的第一感觉,所以做起事来总是小心谨慎,唯恐出错,你适合做与会计有关的工作。你不会发大财,原因是你怕冒险,怕钱多了会有新的麻烦,你的生活平稳安宁,你的生活目标很现实。

75. 你从事什么职业容易发财

☆ 情景测试

你迷路了，这时天色已晚，你发现了一间小屋子，只好向主人借宿，可是屋主却告诉你，屋子的四个房间都闹鬼，你会选择哪个房间呢？

A. 有个人头从窗外恶狠狠地瞪着你

B. 厕所会传来开关门声和女人的叹息声

C. 你一躺在床上，床就开始摇晃不让你睡

D. 半夜醒来看到一个无头鬼坐在床边

☆ 完全解析

选择 A：你适合拥有自己的专属空间的工作。虽然挣得不多，但有稳定的收入来源，而且比较固定，不容易被外界所影响。有人从窗外瞪着你，代表来自周遭对你的不满和异样的眼光，在窗外代表不容易对你造成影响。例如老师的工作，不管你多么不受学生欢迎，可是并不会轻易丢了饭碗。其他例如公务员的工作也可以归类于此。

选择 B：你比较喜欢安静的工作，尤其是公司的主管人事或是其他幕后策划等的工作。厕所会传来开关门声和女人的叹息声，代表你会受到来自上级的压力或是主管的责骂。比较起来，你宁愿整天待在办公室里吹冷气，也不愿意到外面去忍受风吹日晒，其他诸如高科技产

业的技师或工程师，企业的网络工程师或会计等也都是比较适合你的。

选择C：你适合从事活动性较强或业务类的工作，你好动，整天坐在办公室里怕是会憋出病来，你也不喜欢受拘束，所以你也倾向于常常到外头走动的工作，像保险推销员、房产经纪人，等等。床开始摇晃不让你睡，代表你做业务时，拜访客户常常会遭到拒绝、碰壁。其他像大老板的司机或导游也都可以归于此类。

选择D：与人沟通是你比较擅长的，因此接近群众的工作对你来说不错。例如电视明星、政府要员等需要群众支持的工作。无头鬼坐在床边，代表这个人和你密不可分，可是你又无法看清他是谁。就像棒球明星会累积一定的球迷，也靠球迷的拥戴吃饭，可是又不知道谁是谁一样。其他像公司的公关、便利商店的店员或银行的服务人员也都比较适合你。

第五章

职场成功系数：你能拥有多大一块奶酪

76. 成功欲求的心理倾向

☆情景测试

不是测试你的技巧，也不是向你提出什么难题，只是对你的成功心理倾向做个剖析，使你对自己有个正确的评价和估计。

回答下列每一个问题，并把反映你基本态度的答案记分。A. 非常同意；B. 有些同意；C. 有些不同意；D. 不同意。

1. 快乐的意义对我来说比钱重要得多。

2. 假如我知道这件工作必须完成，那么工作的压力和困难并不能困扰我。

3. 有时候成败的确能论英雄。

4. 我对犯错误非常严厉。

5. 我的名誉对我来说极为重要。

6. 我的适应能力非常强，知道什么时候将会改变，并为这种改变做准备。

7. 我是一个团体的成员，让自己的团体成功比获得个人的认可更重要。

8. 我宁愿看到一个方案推迟，也不愿无计划、无组织地随便完成。

9. 我以能正确地表达自己的意思为荣，但是我必须确定别人是否能正确了解。

10. 我的工作情绪是很高昂的，我有用不完的精力，很少感到精力枯竭。

11. 大体来说，常识和良好的判断对我来说，比了不起的点子更有价值。

12. 一旦我下定决心，就会坚持到底。

13. 我非常喜欢别人把我看成是个身负重任的人。

14. 我有些嗜好花费很高，而且我有能力去享受。

15. 我很小心地将时间和精力花在某一计划上，如果我晓得它有积极的成果。

☆计分方法

选项＼题号	1	2	3	4	5	6	7	8	9	10	11	12	13	14	15
A	0	3	2	1	3	3	3	3	3	3	3	3	3	3	3
B	1	2	3	3	2	2	2	2	2	2	2	2	2	2	2
C	2	1	1	2	1	1	1	1	1	1	1	1	1	1	1
D	3	0	0	0	0	0	0	0	0	0	0	0	0	0	0

☆完全解析

0～15分：对你来说，成功就是圆满的家庭生活和精神生活，这些是权力和金钱无法给你的。因为你可以从工作之外获得成就感，所以你可能不适合爬到较高的位子上，这个建议可以帮助你专注在实现自我的目标上。

16～30分：也许你根本就没想到去争取高位，至少目前来说是这样。你有这个能力，但是你还不准备做出必要的牺牲和妥协。这个倾向可以促使你寻找途径来发展跟你目标一致的事业。

31～45分：你有获得权力和金钱的倾向，要爬上任何一个组织的高峰对你来说都是比较容易的事情，而且你通常能办得到。

77. 会不会成为大人物

☆情景测试

你梦想过成为大人物吗？俗话说，"一块砖头都希望自己可以出人头地"，所以差不多每个人都想自己能够成为大人物，但是，你有这种本事吗？来测试一下吧。

如果你一时失业，只能找到下列临时的工作，你会选择哪一种？

　　A. 卖玉兰花　　　B. 捡破烂　　　C. 倒垃圾

☆完全解析

选择A：你比较踏实，会梦想成真，等待合适的机会让自己变
　　　　成大人物：你一步一个脚印，有梦想，而且梦想并不

遥远，会不断努力，等待出人头地的机会。

选择B：你不爱出风头，安于现状，现在还是个小角色，要想成为大人物，还得继续努力；你对现在的平淡生活比较满意，觉得当小人物也很有乐趣。

选择C：你做梦都想成为大人物，总是会将自己调整到最佳状态，不断创造并抓住机会，绝对有成为大人物的本事；你比较爱冒险，很有野心，一有机会绝不放过，还会创造机会展现自己最好的一面。

78. 测试你的事业成功率

☆情景测试

忙碌的工作之后，终于迎来了难得的休息日，可以好好休息一下，暂时告别这个纷扰的世界，如果可以自由支配，这一天你会想要做些什么呢？

A.独自外出购物　　　B.约见朋友

C.打扫屋子　　　　　D.逛书店

☆完全解析

选择A：你强烈地想要成功，随时随地流露出往上爬的姿态，即使排挤同事也在所不惜，这种姿态反而会阻碍你获得成功。

选择B：你的成功只是时间问题，随着年龄的增长，你的晋升速度会越来越快。

选择C：你喜欢安稳轻松的生活，工作并不是你的重心，你没有挤破脑袋往上爬的晋升愿望和竞争心态。

选择D：你很容易获得成功，你会全力以赴完成自己的事业，成功对你来说指日可待。

79. 你是否善于抓住创业机会

☆情景测试

经过一天的忙碌奔波之后，你终于能够好好睡上一觉了。可是刚刚酣然入睡，你就被突如其来的电话吵醒了，此时你会……

A. 看电话号码后决定接不接
B. 不去理睬继续睡
C. 立即接通
D. 关机拒接

☆完全解析

选择A：你是一位潜在的生意人，你可以随机应变，懂得把握有利时机，得到贵人相助，化逆境为佳境。只要坚持，你一定可以成功。

选择B：看来你确实太累了，需要休息。过去的奔波劳碌让你对事业产生了怀疑和沮丧，你需要调整心态，重新开始，等待适合自己的创业时机。

选择C：你此时真是"求贤若渴"啊，这正说明了你对未来充满了斗志和期待。你已经做好充分准备迎接机遇，开创事业，但在勇往向前的同时还要保持头脑冷静，以免盲目行事。

选择D：你对创业并不感冒，你对现在的生活状态很满足，不打算要突破现状。你对未来的态度是"过了今天再说"，创业对于你来说比较遥远。

80. 你有成名的本钱吗

☆情景测试

扑克牌心理测验！你是否有某种独特的个性、过人的才华、待挖掘的潜力、该发展的方向？你是否有令人聚焦成名的本钱呢？快来试试下面的题目吧。请在以下四张扑克牌中选出一张，答案马上揭晓。

A. 方块 J　　B. 方块 Q　　C. 方块 3　　D. 梅花 8

☆完全解析

选择A：成名指数30分。你适合幕后工作，若是在演艺界发展，会成为导播、制作，如果是办公室，那么你更偏向于策划、程序……台面上的事，还是留给别人吧！

选择B：成名指数70分。独特的个人风格推你上台面！你穿着亮丽，讲话大声，特肥或特瘦，遇到的境遇也总是很特殊……你就是这么一种人，你的特性让他人不得不注意到你！

选择C：成名指数90分。天生宿命，亮丽过一生！Bingo！你抱着一大把成名的本钱！这注定你会于街头被星探挖掘，注定你从小就是球场上的焦点，注定……，快快抓住自己的机会吧！

选择D：成名指数50分。技巧精进，名利晚成！不要怀疑自己，信任命运的安排，你的名利需要长期的累积，需要专业技巧的沉淀。年轻时的你或许低调默然，但年长时你所获得的名利将与努力成正比，不要辜负了自己！

81. 事业心测试

☆ **情景测试**

每天忙于生活，疲于压力，令人深感身心耗损，一到假日就想着来个大解放，疯狂地玩乐一下。有些人会选择游乐场里的机动游戏，这能让他大叫刺激过瘾；有些人则喜欢自己静静地泡上个舒服SPA，洗掉工作的疲劳。你又会选择到哪些休憩场所舒缓压力呢？

A. 木屋水疗　　　　B. 田园农场

C. 人文庙宇　　　　D. 主题乐园

☆ **完全解析**

选择A：喜欢情调木屋SPA浴的你，知道如何放松自己，跟心灵来一番对话，说明你并不太追求物质。于事业你并没有太多好胜心，只会安守本分，因为你根本不喜欢争名逐利。虽然你对自己有要求，但不会太高，你秉持着做事做到刚刚好的人生理念，这令你缺乏前进的动力。

选择B：选择到田园农场的你，追求事业、理想和家庭幸福美满，家庭和事业于你而言同样重要，无法择其一。在工作上，你精力充沛，魄力过人，愈忙愈精神。但下了班回到家中，你便会抛开工作压力，尽情享受天伦之乐，因而，不管是家庭还是事业，你都能如鱼得水。

选择C：喜欢传统的古庙旧物或庙宇，并不代表你就是思想守旧、态度非常保守的人。相反，你并不喜欢循着前人铺好的路子走，你有着独特的内在风格，所创造出来的事业也将不同于社会现状和主流。创业方面，你总是有很多的新奇构想，而这些将会帮助你跨上事业的高峰。

选择D：钟情于主题乐园的你，心里有这一番对于事业的期许，希望自己可以获得更高的社会地位，亦憧憬自己的经济能力可以高人一等。你是事业心极重的典型，家庭、爱情、友情等只是你拼搏事业中的附属品，当你取得某项成就之后，又会接着挑战更高领域，事业心和野心从未停止过提升。

82. 成功的要素中你缺哪一项

☆ **情景测试**

想要发财，想要成功，就要在多方面培养自己的高素质，可是我们并不都是全才，总有些不如人意的地方。你离成功还有多远？要想跨越成功的门槛你还需要什么能力呢？请做下面的测验吧，它能告诉你答案。

如果头戴草帽的女巫师忽然降落在你面前，说："为了奖励你的勤恳和努力，伟大的神决定赐给你一种超能力，你想要哪一种？"

听完这段话，你会怎么回答这个女巫师呢？你所选择的能力就是潜意识中自己最缺乏的。

A. 自由飞翔　　　B. 透视能力

C. 意念控制力　　D. 预知能力　　E. 瞬间移动

☆ **完全解析**

选择A：你的潜意识中缺乏翻云覆雨的魄力。你离成功的距离并不远，只是你还没有看到成功大门也许就在面前，内心深处对于成功的渴望反而让你产生一种想远离峰顶的恐惧。即使已经攀到了最高峰，还会问自己："我真的成功了吗？"不过你的谨慎也是一般人无法企及的。

选择B：你的潜意识中缺乏应对人际交往的能力。可能你总是被一些阴险、烦琐的人际关系遮住了眼睛，总看不透人心险恶的一面，所以就想拥有一双慧眼，让自己看个清清楚楚。

选择C：你的潜意识中缺乏毅力、耐性。其实你想拥有这种能力之后最想控制的对象是你自己。也许你成功的最大阻力就是缺乏耐心和意志力。

选择D：你的潜意识中缺乏经济能力。你是不是想知道下一期的大奖号码是多少啊？在金钱上你可能出现了一点儿问题，所以想找一条清晰的捷径来摆脱目前的困境。慢慢来吧！

选择E：你的潜意识中缺乏体力。你对速度一定有很强的欲望。你要多注意自己的身体了，可能会有一些挺麻烦的毛病将要或者正在困扰着你，如果你的预感很准的话，就赶紧去看看医生吧。

83. 你会取得多大的成就

☆ **情景测试**

西方有一句谚语："心有多大，成功就有多大。"想知道自己能获得多大成功吗？做完下面的测试就知道了。

找一条挂满东西的绳子，于是越拉越多，你会拉到哪一步呢？

A. 绳子上拴着的一个玩具娃娃

B. 玩具娃娃手里抱着的一个盒子

C. 盒子底下的一个雪橇板子

D. 雪橇板子前头挂着的一头麋鹿

☆完全解析

选择A：你想要玩具娃娃，说明你是个对利益有兴趣的人，但是没有继续发掘下去，说明你对机遇的把握缺乏自信，这会让你错失一些可以成功的机会。何不自信一点儿？相信机遇会垂青自己，总要比机遇来了却毫无准备要好得多。

选择B：想要取得玩具娃娃手里的盒子，说明你不仅看得到事物的主要利益面，也不会忽略次要的一些因素。你很善于利用这种条件为自己创造收益。你对"自己是否会成功"这个问题时而怀疑时而坚定，建议你行事切忌丢西瓜捡芝麻。

选择C：敢于得到盒子后进一步行动，说明你是个有魄力的人，也说明你很可能比同龄人更早获得成功。然而这也正是你所要面临的问题，年轻时激进还好，中年后就要注意以稳为先了。

选择D：继续拉的行动，体现出你对成功的追求是他人难以想象的。不管你是否表现出来，你内心深处都给自己定了一个远大的目标。你很可能获得空前的成功，需要注意的是，一旦出现为了成功需要铤而走险的情况，你一定要谨慎考虑。

84. 你的危机意识有多强

☆ 情景测试

未来是不可预测的，而人也不是天天能走好运的。正是因为这样，我们才会有危机意识。那么你有危机意识吗？下面的测试可以帮助你了解自己。

一头乳牛正从牛舍里出来吃草，请你凭直觉判断，它将走至下面哪一处觅食？

A. 山脚下　　B. 大树下　　C. 河流旁　　D. 栅栏农舍旁

☆ 完全解析

选择A：你的危机意识很强，甚至有点杞人忧天。也许很容易的事，被你天天惦念着，久而久之也变成困难了。放开心胸，天塌下来还有高个子顶着呢！

选择B：你是高唱"快乐得不得了"的人，一天到晚无忧无虑，你认为"船到桥头自然直"，没啥好怕的。如此乐天知命，天底下像你这么乐观的人恐怕已经不多了。

选择C：你有点儿"秀逗"！成天迷迷糊糊的，记性又不好，总是要人家提醒你才会有危机意识，但是一会儿之后，又完全不记得危机意识是什么东西了！

选择D：你挺有危机意识，连跟你在一块儿的人也被你强迫拥有"危机意识"，不过你所担心的事的确有点儿担心的价值。也就是说，你不是没事瞎紧张，而是未雨绸缪！

85. 你的成功动机有多强

☆ **情景测试**

不同的人有不同的成功动机，或强或弱，那么你在追求成功的过程中动机有多强呢？做完下面的测试就知道了。

你和恋人前往位于 50 楼的餐厅吃晚餐，但电梯到了 40 楼因故停止，需要走楼梯，这时你会：

A. 离开那栋大楼　　　　B. 爬上 50 楼

C. 打电话到 50 楼，要求他们把菜送到 40 楼来

D. 在 40 楼的餐厅将就吃

☆ **完全解析**

选择 A：你是成功动机低、擅长计划却不采取行动的人，也曾想要找恋人的缺点，可是又认为"对他要求太多也没有用"，而想在现实中，找出能互相妥协的地方。

选择 B：你是成功动机高的人，会向目标积极迈进，即使成功也不满足。这些人对另一半要求甚高，就好像"最初觉得他的孩子气很可爱，但后来觉得十分厌烦"，由于对你的要求产生变化，如果你不能适应便会产生不满。同时，上进心强的人，容易有"说不定有比对方更好的人出现"的想法。

选择 C：你属于与众不同的人，是想做时会努力去做，不想做时就不做的任性的人，所以你的成功动机具有不稳定性，时而强时而弱，很难坚持到底。

选择D：你没有那么高的成就动机，只要预料会遭遇困难便马上放弃，或者告诉自己"现在不错了"，由于没有太强的愿望，所以发现恋人有缺点时，也只会有"这是免不了"的自我安慰。

86. 你渴望成为一名领导者吗

☆ **情景测试**

身在职场中的你是否渴望成为一名领导者呢？想知道自己内心的真实想法，就请做下面的测试吧！选出适合你的回答。可以回答是、不是或不知道。

1. 你在和人会面时不会感到紧张，对吗？

2. 你是一位出色的组织者吗？

3. 你早晨很早起床吗？

4. 你是否每次都是晚会的核心和灵魂？

5. 你是否为忙碌平常的事务而得不到休息？

6. 你是否相信在做生意时应当诚实？

7. 你是否愿意负责一次探险活动？

8. 你是否当过经理？

9. 你是否在午休时间工作？

10. 你是否拥有稳定的家庭生活？

11. 如果出现紧急情况需要你回到工作中，你是否会放弃度假？

12. 你是否有第二职业？

13. 你是否总是直言不讳？

14. 你是否在工作中总是显得很利索？

15. 你是否愿意负责处理一次车祸？

16. 你是否很喜欢领导别人？

17. 你曾经在委员会中任过职吗？

18. 你喜欢诚实的人吗？

19. 你是运动队的队长吗？

20. 你与下属相处得很好吗？

21. 你是否很善于与别人辩论？

22. 你喜欢参与政治吗？

23. 你是出色的公众演说家吗？

24. 你总是很公正吗？

25. 你经常向别人寻求建议吗？

☆计分方法

每回答一个"是"得2分，每回答一个"不知道"得1分，每回答一个"不是"得0分。汇总得分。

☆完全解析

36～50分：你表现出强大的性格优点和领导素质。如果你现在还没有在自己所从事的职业中到达一定位置，你有足够的雄心、动力、决心和适应能力实现这一点。你对于组织工作和领导工作很内行，而且如果你看到由别人而不是由自己掌权，

你会感到非常失落。你是那种将工作摆在第一位的人，而且，你能够承受很沉重的工作压力，按照自己的步伐按部就班地向前推进。

18～35分：尽管你表现出良好的领导素质，并且乐于承担其他人可能要回避的工作任务，但是你不愿意更进一步，而是十分快乐地让别人去掌握统治权和承担责任。抱着这种观点和态度，你可能过着知足的生活，不会因为希望让自己超过别人，而经常感到内心的冲突和压力。你可能是一位有良知、耐心、达观而出色的团队选手，而且能够成为一名优秀的团队领导，但这必须是在机会主动来找你的情况下。

0～17分：看来你并不渴望成为领导，而且很乐于让别人去带头做事。正因如此，你可能对自己选择的职业很满意，而且满足于过一种无须承担太多责任的、比较安逸的生活。

87. 你具备做领导的潜质吗

☆**情景测试**

当领导不仅要有管理者的素质，还要有"荣华富贵如浮云"的心态，"天塌地陷心自若"的风度，这些你都具备了吗？用

"是"或"否"回答。

1. 你经常让对方觉得不如你或比你差劲吗？

2. 你习惯于坦白自己的想法，而不考虑后果吗？

3. 你不喜欢标新立异吗？

4. 为了避免与人发生争执，即使你是对的，你也不愿发表意见吗？

5. 开车或坐车时，你曾经咒骂别的驾驶者吗？

6. 你总是让别人替你做重要的事吗？

7. 你遵守一般的法规吗？

8. 如果工作没有做好，你会有强烈的反应吗？

9. 与人争论时，你总爱争胜吗？

10. 你永远走在时尚的前列吗？

11. 别人拜托你帮忙，你很少拒绝吗？

12. 你是个不轻易忍受别人的人吗？

13. 你故意在穿着上吸引他人的注意吗？

14. 如果有人嘲笑你身上的衣服，你还会再穿它吗？

15. 你曾经穿那种好看却不舒服的衣服吗？

16. 你经常对人发誓吗？

17. 你曾经大力批评电视上的言论吗？

18. 你经常向别人说抱歉吗？

19. 你对反应较慢的人缺乏耐心吗？

20. 你喜欢将钱花在消费上，而胜过于个人成长吗？

☆ **计分方法**

答"是"得1分,答"否"得0分。最后汇总得分。

☆ **完全解析**

14~20分:你是个标准的跟随者,不适合领导别人。你喜欢被动地听人指挥。在紧急的情况下,你多半不会主动出头带领群众,但你很愿意跟大家配合。

7~13分:你是个介于领导者和跟随者之间的人。你可以随时带头,或指挥别人该怎么做。不过,因为你的个性不够积极,冲劲不足,所以常常是扮演跟随者的角色。

6分以下:你是个天生的领导者。你的个性很强,不愿接受别人的指挥。你喜欢使唤别人,如果别人不愿听从你的话,你就会变得很暴躁。

88. 你是否具有决策力

☆ **情景测试**

领导力在某种程度上可以说是一个人的人格魅力,你的人格魅力如何呢?做一道测试题看看吧。

"你会不会突然出现,在街角的咖啡店?"街角的咖啡店里偶遇失去联络好久的旧情人,在一起除了喝喝咖啡,聊聊目前的生活之外,难免追忆一下似水年光。这时候,你最担心旧情人提起什么?

A. 当初介入你们的第三者　　B. 两人刚认识时的甜蜜回忆

C. 一次出国旅行的经验　　D. 分手时的感觉

☆完全解析

选择A：你具备领导才能，但是却没有领导的气度。想要让一群人对你心服口服，并不是单靠有才华就可以的，你还必须以德服众。也就是说，你需要懂得唯贤是举、善用智谋，如果只有勇气和冲劲，那只是一股蛮力，想要成大事是远远不够的。

选择B：你领导力的作用范围仅仅适合三到五人的小团体。一旦小团体发展膨胀起来，人多事杂的时候，你的能力就会表现出掌控不了的一面来，甚至导致民怨沸腾。

选择C：在任何场合、环境下，你都是天生的领导者，天生独具的领导天分与魅力是你号召力的源泉。虽然你从来不会刻意表现出自己的野心或企图心，但是大家自然就会拿你当领军人物看待。平时紧密团结在你周围，遇到问题大家也自然首先想到由你来解决。可能这就是王者风范的吸引力吧！

选择D：你在团体当中通常扮演一个脚踏实地办实事的角色。小富即安的生活对你来说最好不过。你的生活实在过于平平淡淡，而你也甘心如此，知足常乐。这种闲云野鹤、随遇而安的个性，让你完全超脱世俗的名利之心。一旦觉得厌倦了尘世，你就会像隐士那样归隐山林。

89. 测测你的谈判能力

☆ **情景测试**

生活中处处需要谈判，在职场中显得尤为重要。和老板谈判，跟客户谈判，跟同事谈判，等等。这就需要你拥有充足的谈判智慧。你的谈判能力如何？一测便知。

被一个减肥产品商家代表缠上了，他一直鼓吹你买他的减肥药，还说你太胖一定要用减肥药，你会怎么办呢？

A. 很心动，心中思量如何砍价。

B. 十分尴尬，坚持不买。

C. 无可奈何听他说完，但就是不买。

D. 为求脱身，马上掏钱。

☆ **完全解析**

选择A：在谈判桌上，你会为自己和对方都留有余地，在合作上给予一个较大的弹性升降空间。不会拒人于千里之外，也会有原则地处事，审慎考虑利弊得失。

选择B：你是个有着绝对原则的人，只要坚定了一个底线，就没有人能改变你的想法。你喜欢在谈判桌上扮演绝对主动的领导派。一旦对方跟你的看法不同，你会毫不留情面。

选择C：你是个好好先生，做事情没有原则，或者说你内心总是怕伤到对方，因此一直在压抑自己的真实想法。可是合作毕竟是合作，这样滥用好心，毫无原则，搞不好吃不了兜着走。

选择D：在谈判场合切记：冲动是魔鬼。因为你是个重感情、少理性还很冲动的人，在生活中是个消费狂人，在谈判桌上更是个脑筋不清不楚的家伙。你常常充大方，不假思索就答应对方的要求，以至于没有退路，一下子就被人抢光了筹码。

90.危机应对能力测试

☆**情景测试**

危机应对能力，就是在面对公共危机事件时，能够有效掌握工作相关信息，即捕捉带有倾向性、潜在性的公共危机问题，制定可行性方案，科学处理和决策，从而把问题解决在萌芽状态或使公共危机给人们生命、财产造成的损失最小化的一种能力。

打开冰箱拿出纸包装牛奶，仰脖喝了一大口之后，才注意到上面标示的生产日期。不看不要紧，一看吓一跳！原来你喝的这盒牛奶，已过了保质期一天了！这时你会：

A.停止喝，并把牛奶扔掉。

B. 停止喝，并把喝下去的呕吐出来。

C. 不以为然，照喝不误。

D. 赶快去看医生。

☆**完全解析**

选择A：自己不敢再喝，还想到防止他人误饮，赶快把问题牛奶丢掉的人，成熟度高，临时面对危险，也懂得如何主动照顾他人。

选择B：你对自己做自己的事情，不会想太多。你对危机的应变能力比较单纯，你的成熟度一般。

选择C：看似粗枝大叶，但其实可能是因为你冷静理性，已经有不少牛奶，可以长期保存；至少你知道这一点。

选择D：你是一个相当神经质而且不堪忍受压力的人，一旦面对危险，形成压力，常有自我防御过当的情形。

第六章

恋爱与婚姻：幸福生活需要经营

91. 你对爱人有什么期望

☆ **情景测试**

吃完西式大餐后，酒足饭饱，再来一道美妙甜点，你会选择：

A. 蛋糕或其他糕饼

B. 优格或奶昔

C. 布丁或果冻

D. 圣代或冰激凌

☆ **完全解析**

选择A：你对爱人的期望是真诚，两人能够相互信赖，相互交换内心的想法，因为对你来说，爱人不仅仅是浓情蜜意的对象，超越爱情的狭隘境界，还要有一定程度的心灵和精神交融。不过你的爱人的知性和感性的成长程度也要与你匹配，不然你的爱情很难长久。

选择B：你对爱人的期望是梦想，只要对方有潜力，就算现在还没有出人头地，你也愿意赌一下。你愿意为现在投资，共同经营梦想。不过如果对方的表现低于你的期望，你也可能会另寻他处。毕竟本来联系你们之间的爱情纽带就是梦想，梦想要是幻灭了，爱情也就结束了。

选择C：你对爱人的期望是自由，虽然已经有了共同的爱情生活，还要有自己的空间。你不喜欢对方总是盯着你的一举一动，如果对方的占有欲太强，最终你们只能以分手收场。

选择D：你对爱人的期望是奉献，凡事都把你放在首位，因为你无法容忍被排在次要的地位。不过你总是心安理得地享受对方的金钱和其他东西，却没有同等的付出，这也许会让他不爽。

92. 你分得清"喜欢"和"爱"吗

☆ **情景测试**

有时候，自己觉得对一个人爱得已经如痴如醉，但是亲爱的，那不是爱情，那只是喜欢。你知道喜欢和爱有什么区别吗？答案就在下面。

在路上突然被工读生堵上，要你填一份怪怪的问卷，你有点儿怀疑资料最后的流向，所以不愿太认真填写，下列哪一个项目你会谎报？

  A. 姓名 B. 电话 C. 年龄 D. 婚姻状况

☆完全解析

选择A：要你爱上别人是需要时间的，在你看来，需要给对方清楚的交代。假如只是随口一说，不但会伤害对方，你也要担起这个责任。你宁可和对方表明"喜欢"的感觉，也让对方知道"喜欢"是什么样的交往程度，给彼此宽阔的空间，慢慢培养感情。进可攻，退可守，就算分手也不会太伤感。假如能继续发展，也是顺其自然。

选择B：一开始，你只会在心中肯定自己对对方的好感，但是不会轻易对别人说"我爱你"这三个字，因为爱情对你来说很重要，必须要考虑清楚，才可以许下承诺。你很看重自己的感情，需要经过长时间的思考才会投入进去，等到你确定那真的是自己想共度一生的伴侣时，你的心就会放在对方身上，毫不动摇。

选择C：当你开始喜欢对方的时候，会认为那就是爱。当你进入恋情，身边的人很容易可以察觉。做你的爱人实在很幸运，你不会隐藏自己的感觉，敢于表达爱意，对方知道你不会轻易变心，所以很有安全感。

选择D：你不知道什么是"喜欢"，什么是"爱"，说白了，是根本不在意。对方爱听什么，你就说什么，对你而言，没有界定的必要。你不怕说"爱",因为你看得不重,觉得它不会给你带来负担,因为你觉得自己想走就走,不需要为自己说的话负责。旧情人如同翻过的书页,当展开恋爱的新页后,对过往你便不复记忆了。

93. 你的爱情何时到来

☆ **情景测试**

你尝过爱情的味道吗?想知道你的爱情味觉是脆弱,还是温醇吗?下面来做个小测试,看看你的爱情是哪种类型?

你来到一家装修清新的甜品店,服务员向你推荐了以下四款水果捞,你会选择:

A. 原汁木瓜椰味银耳捞　　B. 什果串烧伴雪糕

C. 木瓜果冻宾治　　　　　D. 红豆南瓜雪芭

☆ **完全解析**

选择 A:你的爱情味觉比较温醇。银耳可以滋润皮肤,滋阴止

嗽，润肠开胃，再加上木瓜和滑滑的椰块，如果再放进冰箱里冷冻一下，不愧为夏日清凉佳品。不过想要它原汁原味的话，就需要火候了。就像你的爱情，也需要火候，才会让人爱不释手。

选择B：你的爱情味觉是极端的。串烧的热辣加上雪糕的冰凉，自然是极端。好起来甜甜蜜蜜，坏起来又冷若冰霜。你热得快，冷得也快，所以感情多半很短暂。不过，对于每段感情，你都会全身心投入。不过你的行为却与你的内心有极大反差，往往让情人无法揣测你的心思。

选择C：你的爱情味觉是脆弱的。果冻的透明美丽，往往让人不忍下口；而宾治是印度地方饮品，与红酒有着密切的关系，二者混到一起，颜色非常漂亮。宾治与木瓜果冻的结合是美丽而精致的，就像你的爱情，漂亮而又脆弱。虽然酒里还有着木瓜的原汁原味，但是在面对爱情的时候，还是应该让自己更加坚强、勇敢一点。

选择D：你的爱情味觉是很平凡的。雪芭是用少量牛奶制成，因此脂肪含量比一般的冰品低，食用起来更加健康，糖分却很高，因此不能吃太多。而红豆可以减脂，一起食用，就不用担心会长胖了。虽然你的爱情很平淡，却又是那么和谐，一如大千世界中的男男女女，虽然偶有争执，却甜蜜非常。

94. 从穿鞋看男人类型

☆ **情景测试**

众所周知，很多女人苦恼于无法理解自己心仪的男人。有一句话说，细节决定成败，下面这道测试题就是教你如何通过观察男人穿鞋的细节来了解其性格，帮助你出招赢得心仪男人的青睐。快低头看看他喜欢的鞋子款式，探知他不为人道的内心世界吧。

A. 偏爱黑色皮鞋　　B. 偏爱休闲鞋

C. 偏爱凉鞋　　　　D. 偏爱短靴

E. 偏爱运动鞋

☆ **完全解析**

选择A：传统男人

他有着十分传统的家庭观念，大男人主义，注重家庭生活，讲究伦理道德，就算父母有时不太讲理，也会尽力包容接受。

他很注重面子，在意朋友的看法，所以千万不要在众人面前嘲笑他的缺点，比如说你太胖、太笨、太瘦这些，否则你很可能被他列入"拒绝往来户"中。

你的夺心攻略：尊重他的成就、专业，让他知道自己以他为荣，甚至崇拜他，让他得到满足感。孝顺他的父母，和他的朋友友好相处。你会发现，在不知不觉中，他已经将自己的心交给你了。

选择B：看重第一印象

他喜欢主控，主观意识强烈，易先入为主，所以，请注意你给他的第一印象。

他明白自己想要什么样的女人，虽然有时候也会不小心迷失，爱上某个不该爱的女孩，可他却拒绝承认自己的过错，只会推说个性不合。

你的夺心攻略：若你有着独特的个性或是想法，他便对你产生好奇，并且希望进一步了解你。记得保持清醒的头脑，做个聪明又可爱的女人，千万不要无理取闹，不要试图左右他，让他听从自己。这些都只会让他离你远去，更别说抓住他的心了。

选择C：忠于自己的感觉

他非常忠于自己的感觉，认定了什么是生命中有意义的事情就会努力去做。千万不要否定他或是嘲笑他，即便他的某些"有意义"的事情过于理想化。相信你的他总会找到理想与现实之间的平衡点，不用为他担心。

你的夺心攻略：欲擒故纵，给他足够的空间和时间。此外，在他心情不好时，带给他乐观、开朗和阳光的正面力量，他便很容易心动而为你行动。也许他不会表示强烈的热情，但是在他的心中，一旦你占有了一席之地，他就很难将你忘怀。

选择D：内心脆弱的男人

为了伪装自己内心的脆弱，他选择以假面具保护自己。他常是一副叛逆或不屑的样子，可他心里其实在乎得要命，得失心非常重。不需要被他表面的行为所影响，也不要产生任何主观的印象，因为这往往是不真实的，甚至是完全相反的。

你的夺心攻略：心疼他、关怀他，让他感受到自己的体贴。有时候你的一个真心又体贴的小动作，会让他感动不已，自然也就俘获了他的心！

选择E：自然主义的男人

他不喜欢做作，讨厌一切不自然的人、事、物，当然更不能容忍有心计的女孩。另外，他喜欢大自然，希望心仪的女孩能和他一起于其中嬉闹，共享没有拘束的世界。

你的夺心攻略：你的纯洁心灵和自然态度，会深深地吸引他，亲切可爱的笑容和待人处事同样是重要的秘密武器。你不妨试着主动一些，和他分享生活中有趣的事情，和他自然地打成一片，有时候像哥儿们，有时候又让他觉得你是一个惹人怜爱的小女孩。不知不觉中，他的心就会跟着你走了哦！

95. 让你恋爱失败的原因

☆**情景测试**

失恋给很多人带来无法言说的痛苦，但痛苦之中你是否也曾反省恋爱失败的原因呢？

在自家小阳台的躺椅上品着下午茶的时候，突然被一个响声吓了一跳，抬头一看，原来是窗

台上的花瓶摔碎了，你认为这个花瓶摔碎的原因是：

　　A. 小猫小狗的恶作剧

　　B. 自己伸懒腰的时候不小心碰到摔碎的

　　C. 窗外的大风

　　D. 楼下小朋友对着小皮球的凌空一脚，小皮球飞上天掉下来砸到花瓶

☆**完全解析**

选择A：你很有主见，并且能够坚持。但在爱情上，你的毫不退让和固执让你太过自我。在跟爱人产生分歧的时候，你从来没有放低姿态迎合TA的念头，这也让你的爱人大为受伤。

选择B：你选择将花瓶打破的原因归咎于自己，这说明，当你的爱情出现危机，你会首先从自身寻找原因。不过这并不是什么好事，因为这有些一厢情愿，对方有可能不会领你的情，反而适得其反——你的爱成了甜蜜的负担，让对方感觉到压力，一旦承受不了，TA就想逃跑。你们的恋情之所以会失败，可能就是TA受到你太多的压力，就像希腊神话中阿波罗拼命追求达芙妮一样，爱到达芙妮无处可逃，最后变身成了月桂树。

选择C：你是个自然主义者，花瓶被风刮倒，打碎了，你不需要自责，也不用怪别人，因为风是避无可避的。你只要换一个新花瓶，就能解决这件事。这样的你好像失

恋的绝缘体，因为你对什么事情都很客观。如果两人发生争执，你不会袒护TA，也不会自责，对待恋爱问题，你有着良好的沟通力和协调力。

选择D：这个选项形象地表现出你们的恋情被他人横插一脚。选择这个答案的你非常介意第三者，也许你之前的恋情就是因为第三者插足才悲痛结束的；也可能你的朋友因此而分手，这让你有些畏惧。面对爱情危机，你不去想怎么解决，而是让内心充满恐惧，你选择逃避责任，这也正是你失恋的主要原因了。

96. 考验他的真诚

☆ **情景测试**

在爱情之中，彼此真诚是最重要的，这也是女性对男性追求者重点考察的地方。不过感情的事非常微妙，所以，女性常常会苦恼于对方是否真诚。一颗心交给谁才能放心呢？

想知道他是否真心待你，可以做一做下面这个小测试。

跟他认识已经很有年头了，每次出门逛街时，他的双手总是：

A. 抓紧你

B. 被你挽住

C. 搂住你的腰

D. 插在自己裤兜里

☆ **完全解析**

选择A：他对你几乎死心塌地、唯命是从，你是他心目中的崇拜对象，他愿意永远拜倒在你的石榴裙下。

选择B：这表示你对他心仪已久，在爱情中，你们平起平坐。你们会成为大家公认、赞赏的模范情侣。

选择C：他跟你目前爱得死去活来。他之所以会向你大献殷勤，完全是因为他的主动和占有欲，这甚至会让别人反感。不过他对你可不一定是那么单纯，如果你很欣赏他，愿意把自己交给他，那别人也没法说什么。可是他的爱意里充满那种"欲念"，天知道，得手后，他会不会不见踪影？

选择D：他只想让你成为他的红颜知己，如果你想进一步交往，就要付出非常大的代价，忍受没有名分的痛苦。

97. 你最大的感情失误是什么

☆ **情景测试**

感情需要两个人互相理解，互相迁就，但人是凡人，都有可能出错。想知道你究竟错在哪里了吗？通过小测试，就能为你揭晓。

如果有天晚上，本来已很疲倦的你，不知道为什么总是睡不着，你会用下列哪种方法来度过这个失眠夜呢？

A. 打电话与别人聊天　　B. 在家中四处找事做

C. 继续在床上辗转反侧　　　　D. 看书

E. 多冲一次凉

☆完全解析

选择A：你是一个以自我为中心的人，做每一件事都只想着自己而已，独断独行，是绝不会替他人着想的。这样的你会让另一半吃不消，还是要改改你武断的性格，多问问伴侣对事情的想法，这样会很好地改善你们的关系。

选择B：你有着死不服输的性格，你在恋爱来的时候，很可能会因为不够坦白而遭到对方的抛弃。你也有一个优点，就是过去了就过去了，绝对不会拖泥带水。劝你如果找到了心仪的对象，不妨来个闪电结婚。

选择C：你是一个喜欢逃避的人，无论是对待生活还是爱情。而且你是一个拖泥带水的人，和恋人分手后经常会有藕断丝连的情况发生。还是果断一点吧，想做就做，想爱就爱吧，过了这个村就没有这个店了。

选择D：你是一个十分理智的人，你对待每件事都小心谨慎，对待感情更是如此，因为怕受伤而对付出有所保留，但有时候聪明反被聪明误，因为你对爱人忽冷忽热，他会觉得自己不受重视，也会对你的热情大减。劝你还是不要过于精明，有时糊涂一下也是不错的。

选择E：你是一个执着的人，而且有点儿神经质。你的风格别人很难适应，对待爱情你也是如此，一下子对恋人热情似火，一下子又对恋人冷若冰霜，这会让他感到十分困惑，即使对方很爱你，但你经常漂浮不定，对方也会吓跑了。你还是要控制自己的情绪，改变目前的恋爱方式吧。

98. 你在谈恋爱时会有多自私

☆ 情景测试

谈恋爱是一件很甜蜜的事情，但爱情里的人多数是自私的，你想知道在潜意识里你是多自私的吗？

你在餐厅点了一杯超难喝的十全大补养生饮料，你下一步会怎么做？

A. 为了健康硬喝下　B. 另外再点一杯喝　C. 付钱不喝走人

☆ 完全解析

选择A：你是一个超级自私的人。你的眼中只有自己，没有其他人，你的风格就是以自我为中心，爱自己多一点。你认为做好自己，包括工作、生活、健康等方面，这样才不会拖累对方，才是爱多方。这样的你多是有大男人或大女人主义的倾向。

选择B：你不是一个自私的人。你可以为另一半牺牲奉献自己的所有，你喜欢恋爱的感觉，当堕入爱河时你会忘记了自己，会把自己的所有都给了对方。你认为爱情就要分享彼此的喜怒哀乐，而不需要分彼此。

选择C：你有一点儿自私。你对待自己和他人都有一个底线，当对方超过了你的底线时，你会毫不犹豫地离开，不管你是多么爱对方。在你看来，给自己一个底线是为了可以更好地得到爱情。

99. 你最可能遇到的情敌类型

☆ 情景测试

想知道争夺你爱人的她（他）是什么性格吗？快来测试看看吧！

想象一幅图，一对情侣走在一条通往深山的路，如果在此路中央画一障碍物，以阻挡他们继续前行，你会画什么呢？

A. 画植物和矿物　　　　　B. 画动物

C. 画上人工做成的物体　　D. 画上人物

E. 画上现实中不存在的生物　F. 画一些其他东西

☆ 完全解析

选择A：你的情敌是那种文静内向的人。由于他们太低调，所以你经常都没有意识到情敌的存在。但是在你疏忽大意的时候，他们却总是出其不意地出击，偷偷地挖起了墙脚。所以千万不能轻敌大意。最好就是时时保持低调，不要太显摆，并随时保持警惕，变被动为主动，和潜在竞争者建立友情，知己知彼。

选择B：你的情敌是彻底的行动派。虽然你也属于行动派，行事风风火火但是却很高效合理。你是一个实力不容小视的竞争对手，你们双方经常会陷入竞争的局面。同属行动派的你们都愿堂堂正正地对决，不会背后放冷箭。

选择C：你的情敌是属于智商很高的人，而你恰恰相反，心思单纯不懂得算计。很多情况下你们都喜欢上了同一类人而成为竞争对手。你们都喜欢酷酷的人，但是对方比你略显得知性，那么你就可能有被横刀夺爱的危险了。所以遇事要三思而后行，为自己的利益而战，而不是一味地向前冲。

选择D：你的情敌跟你同属一类人。对别人的事情都不上心，但是遇到与自己的行为举止、思维模式类似的人会特别留意。所以你自己的潜意识也创造了情敌。有时候，这种人未必是情敌，也许抛开先见，在工作上你们是可以齐心合力配合的。

选择E：你的情敌是活泼开朗的人，很容易吸引别人的目光。相比你的不自信，他们显得更加耀眼，而你却更加渺小。如果不小心成了情敌，对方会让你感觉彼此是朋友，因而放低戒心达到他们横刀夺爱的目的。所以你要特别注意这类人。

选择F：任何人都有潜在可能成为你的竞争对手。你本身就是一个好胜心强的人，如果没有竞争对手，你反而会觉得没有意思。但是这个心理也会影响你的人际关系。

100. 你会不会旧情难忘

☆ **情景测试**

你和恋人一起去山上踏青。一时高兴，你想将风景画下来。通常你会怎么画呢?

A. 云朵画得比山峰低

B. 云朵画得和山峰一样高

C. 云朵画得比山峰高

☆ **完全解析**

选择A：你对旧情人耿耿于怀，如果你不想失去现在的爱人，就绝对不能用这个问题责难对方，要记住用时间冲淡一切，只要耐心等候即可。

选择B：这表示你会喜欢上同一类型的异性，也许你喜欢现任恋人的原因就是因为对方和你前任恋人相似。不过你现在已发现他（她）的魅力，会采取补偿行为。凡事不用太过担心，应把心思放在维系二人关系上，避免提及过去的感情。

选择C：你已经不再被过去的恋情所束缚，将过去的感情完全撇开，不会将旧情人埋在心底和他（她）比较，热衷于现在的恋情。

101. 你会爱上哪一种人

☆ **情景测试**

"我的梦中情人在何方,他(她)长什么模样呢?"相信这是很多人经常思考的一个问题。

这个测验就可以帮助你明白最适合自己的人是什么样子。

利用下列4个要点,画出一幅简单的风景画:

A. 花　　　B. 女子　　　C. 山　　　D. 在跑的狗

☆ **完全解析**

选择A:以花为中心而画的图:你对老实、温柔、不善言辞的异性感兴趣。对方是个性开朗,对工作热心,即使做别人不愿做的事也不觉苦恼。

选择B:以女子为中心而画的图:你喜欢年轻、可爱的异性,恋爱时会乐于工作赚钱。男性会喜欢古典型,顺从丈夫而文静老实的女人。

选择C:以山为中心而画的图:智慧、沉静、尊重他人,有修养的个性,是你喜欢他(她)的原因。一旦与他(她)认识,你会希望与他(她)共度一生。

选择D:以在跑的狗为中心而画的图:你喜欢的人很多嘴,有时他(她)让你觉得啰唆,离开又觉得寂寞,因此你很快地将爱表露出来。男性会喜欢身材修长,眼大而有神的女人。

下篇
心理游戏

第一章

透析人性游戏：了解你的人性弱点

1. 听与说

☆ **游戏目的**

通过人们对生存意识的强烈需求看人性的弱点。

☆ **游戏准备**

人数：7人，选其中一人充当游戏组织者。

时间：不限。

场地：室内。

材料：无。

☆ **游戏步骤**

私人飞机坠落在荒岛上，只有6人存活。这时逃生工具只有一个只能容纳一人的橡皮气球吊篮，没有水和食物。

1. 由游戏组织者进行角色分配：

（1）孕妇：怀胎8月。

（2）发明家：正在研究新能源（可再生、无污染）汽车。

（3）医学家：经年研究艾滋病的治疗方案，已取得突破性进展。

（4）宇航员：即将远征火星，寻找适合人类居住的新星球。

（5）生态学家：负责热带雨林抢救工作组。

（6）流浪汉。

2. 针对由谁乘坐气球先行离岛的问题，各自陈诉理由。先复述前一人的理由，再申述自己的理由。最后，由大家根据复述别人逃生理由的完整性与陈述自身理由的充分性，决定可先行离岛的人。

☆游戏心理分析

通过这个游戏可以看出人们的性格具有多重性。人们在濒临危险的时候，为了自保，往往会想出各种办法，甚至不惜牺牲他人的利益。这是人性的弱点——自私充分暴露出来。

在这个游戏中，理由最充分者才能首先离岛。理由越真诚，人们才会相信你，才会让你去寻求支援。

2. 虚荣心强

☆游戏目的

帮你看清自己的虚荣心。

☆游戏准备

人数：不限。

时间：不限。

场地：室外。

材料：游戏卡和笔。

☆**游戏步骤**

在这个游戏中，参与者每个人手中会有一张游戏卡，根据游戏卡上面的问题，参与者用"是"或"否"来回答。然后根据自己的得分，看自己属于哪一个类型。

1. 你每天梳头超过三次吗？
2. 跟一个邋遢的朋友走在路上，你会觉得烦吗？
3. 每到一个地方，你都会照很多照片吗？
4. 度假回来时，你会向别人展示纪念品吗？
5. 你经常停留在商店橱窗前，悄悄欣赏自己的身影吗？
6. 你偏爱名牌手提箱吗？
7. 你定期花钱保养指甲吗？
8. 你曾经做过整形手术吗？
9. 你希望自己拥有一些头衔吗？

10. 你很注重穿衣打扮吗?

11. 你喜欢身上戴许多首饰吗?

12. 你时常会翻自己的相册吗?

13. 你有过整形的念头吗?

14. 你偏爱名牌衣服吗?

15. 你花在打扮和保养上的费用超过预算吗?

选择"是"计1分,选择"否"不计分。将各题得分相加,算出总分。

15~10分:无可否认,你是个虚荣心相当强的人。你对自己的外表非常在意,在他人面前,无时无刻不注意自己的仪容,因为你希望永远留给别人最佳的印象。

9~4分:你有点儿虚荣,不过还好,不算很严重,也许你只是比较在意自己的外表和给他人留下的印象,但你仍觉得人生还有别的事比外表更重要。

3~0分:你一点儿虚荣心都没有。即使有些虚荣心强的人会觉得你很邋遢,但是你一点儿也不在乎,宁愿把注意力放在重要的事情上,也不愿花许多时间和金钱在外表上。

✡ 游戏心理分析

虚荣心是指一个人借外在的、表面的或他人的荣光来弥补自己内在的、实质的不足,以赢得别人和社会的注意与尊重。它是一种很复杂的心理现象。虚荣心强的人喜欢在别人面前炫耀自己昔日的荣耀或今日的辉煌业绩,他们或夸夸其谈、肆意吹嘘，或哗众取宠、故弄玄虚，自己办不到的事偏说能办到，自己不懂的事偏要装懂。

如何克服虚荣心理呢？

1. 改变认知，认识到虚荣心带来的危害

虚荣的人外强中干，不敢袒露心扉，给自己带来沉重的心理负担。

2. 端正自己的人生观与价值观

自我价值的实现不能脱离社会现实的需要，必须把对自身价值的认识建立在社会责任感上，正确理解权力、地位、荣誉的内涵和人格自尊的真实意义。

3. 摆脱从众的心理困境

虚荣心正是从众行为的消极作用的恶化和扩展。我们要有清醒的头脑，从实际出发处理问题，摆脱从众心理的负面效应。

3. 动机

☆游戏目的

看看人们是否贪婪。

☆游戏准备

人数：不限。

时间：10分钟。

场地：教室。

材料：用于贴在椅子下面的几张一元的钞票。

☆ 游戏步骤

1. 主持人对人们说："请举起你们的右手。"过一会儿，问他们："你们为什么举手？"

2. 得到3～4个答案后，说："请大家站起来，并把椅子举起来。"

3. 如果没人动，主持人继续说："如果我告诉你们，在椅子下有钞票，你们会不会站起来并举起椅子看看？"

4. 如果还是没人动，于是主持人说："好吧，我告诉你们，有几张椅子底下真的有钱。"（通常2～3个人会站起来，然后很快，所有人都会站起来。）于是，有人找到了纸币，叫着："这里有一张！"

☆ 游戏心理分析

动机，在心理学上一般被认为涉及行为的发端、方向、强度和持续性。动机是名词，在作为动词时则多称作"激励"。在组织行为学中，激励主要是指激发人的动机的心理过程。激发和鼓励，可以使人们产生一种内在驱动力，使之朝着所期望的目标前进。金钱是天使和魔鬼的结合体，它具有极强的诱惑力。它可以用来干好事，也可能滋生罪恶。有人说，金钱是"万恶之源"，会带来贪婪、欺骗，会蒙骗人的眼睛，甚至使至亲反目成仇。金钱在我们的生活中占据着重要地位，但金钱充其量是与我们密切相关的身外之物罢了，我们不应该对它过分贪恋。

4. 追求完美

☆**游戏目的**

看看你是否是一个完美主义者。

☆**游戏准备**

人数：不限。

时间：不限。

场地：室外。

材料：白纸和笔。

☆**游戏步骤**

游戏开始前，主持人给每一个参与者发一张白纸，然后，主持人拿出事前准备好的问题提问，参与者可以用"是"或"否"来回答。

1. 是否只做有把握的事，尽量不碰不会或可能犯错的事？

2. 是否凡事都要争第一？

3. 是否做错了一件事就会闷闷不乐？

4. 是否很在意别人对你的看法？

5. 是否非得把自己打扮得美美的才会出门，即使快迟到了也毫不在意？

6. 是否常常处于神经紧绷的状态，即使在家里也一样？

7. 是否认为如果让别人发现你有缺点，他们一定会不喜欢你？

8. 如果事情未达到预期目标，你是否会一直耿耿于怀？

9. 当别人赞美你时，你是否觉得他们言不由衷？

10. 是否总希望能把事情做得十全十美？

如果以上10条中，有8条选"是"的话，你就是一个真正的完美主义者了。

☆游戏心理分析

完美主义是指对事物要求尽善尽美，愿意付出很大精力把它做到天衣无缝。完美主义并不是完全不好的，对于某些人和职业有时是很有必要的，比如音乐、美术、服装设计等。但是如果对周围的一切事物都追求尽善尽美的话，就脱离了现实，容易引发心理问题。

从心理学的角度来看，如果你每做一件事都要求务必完美无缺，便会因心理负担的增加而不快乐。心理学研究证明，试图达到完美境界的人获得成功的机会并不大。追求完美会给人带来焦虑、沮丧和压抑，事情刚开始，他们就担心失败，生怕干得不够漂亮而辗转不安，使他们无法全力以赴，也就难以取得成功。为了避免这种情况发生，我们应该这样做：

1. 放松对自己的要求

为自己确定一个短期的合理目标。目标定得太高，形同虚设；目标定得太低，轻轻松松就过关，自身的潜能受到抑制，不利于自己水平的提高。目标定位的原则是"跳一跳，够得着"，正因为目标合理，每次总能接近或超过目标，这样，才能培养成就感和自信心，在以后的学习和工作中也才会取得优异的成绩。

2. 宽以待人

完美主义者是仔细周到的人，但是要小心，不要总是指出别人的错误，让别人反感和紧张，也不要因为做事不合自己的要求就牢骚满腹，尤其是对孩子。

3. 学会接受不完美的现实

没有十全十美的人，没有十全十美的事物，这是客观事实，不要逃避，也不要苛求。

5. 奖励的妙处

☆游戏目的

这是一个激励人们努力思考、不断进取的游戏。

☆游戏准备

人数：不限。

时间：3分钟。

场地：不限。

材料：事先准备好的强化刺激奖品。

☆游戏步骤

1. 准备一些参与者感兴趣或想得到的奖品。

2. 向他们说明游戏的奖励机制，告诉参与者他们是可以获得这些奖励的，只要他们做出积极的举动。

3. 在奖品上贴上速贴标签，上面写着"成功来自于能够，而不是不能"，参与者大喊这一口号。当看到自己的行为被大家认可并因此得到奖励时，他们会喜欢上这个游戏，并做出相应的反应。

4. 任何时候，只要有人提出了一个深刻的见解，或者用一句幽默的话语打破了房间的沉闷气氛，就奖励此人一件奖品，这会促使其他人也加倍努力去赢得他们想要的奖品。

如果主持人想鼓励参与者继续有益的想法或行为，有效的方法是用"正强化法"对他们给予鼓励。有时你会发现，得到奖励的参与者会表现得更加积极，会有更好的想法。主持人应该及时地对参与者的积极表现给予正面肯定，发奖品时也必须准确、慷慨，否则会打击游戏参与者的积极性，并怀疑主持人的信用。这种方法运用到工作中也是非常有效的。

☆游戏心理分析

"正强化"是指对人或动物的某种行为给予肯定或奖励，从而使这种行为得以巩固和持续。这种理论认为，如果某一行为获得正面激励，这一行为以后再现的频率会增加。

希望好的情况会继续出现时，可以采用鼓励的方式，这一点无论在工作中还是在教学中，都是非常有用的。本游戏采取正强化的方式，鼓励游戏参与者保持好的状态，并继续发挥这种状态。

6. 小丑精神

☆ 游戏目的

敬业就是要在任何时候都表现出关于自己职业的良好素养。本游戏的目的就是训练人们随时保持职业作风。

☆ 游戏准备

人数：不限。

时间：30分钟。

场地：室内。

材料：一些较难叫出名字的物品。

☆ 游戏步骤

1. 将参与者分成3大组，现在教人们体会"小丑精神"。面对失败与挫折，学会向周围人表达对自我的嘲笑，可以说："你看我真是个白痴，真是让大家见笑啊！"

2. 要求人们在自嘲时做出夸张的表情或动作，可以模仿电视演员的表演。

3. 让小组站成一个长队，或者两队。让人们按顺序跑到屋子的前面，拣起事先摆好的物品，说出它的名字，并描述出它的用处，然后跑回队伍中。

4. 如果人们想不出什么话来说了，那么他可以进行自嘲表演。

☆ 游戏心理分析

自嘲是一种自我解嘲的交际方式，它是要拿自身的失误、不足甚至生理缺陷来"开涮"，对丑处、羞处不予遮掩、躲避，反而把它放大、夸张、剖析，然后巧妙地引申发挥、自圆其说，以博取他人一笑。没有豁达、乐观、超脱、调侃的心态和胸怀，是无法做到的。自嘲的人通常拥有积极自信的心理。只有敢于正视自己缺点的人，才能坦然地做到自我解嘲。这需要勇气，也体现了一种气度。

7. 突围

☆游戏目的

凭借突围游戏帮助人们打破常规，找到解决问题的方法。

☆游戏准备

人数：10～20人。

时间：不限。

场地：宽敞的场地。

材料：无。

☆游戏步骤

1. 全体成员手拉手围成一个圆圈，一个人站在中间，用任何方法突围。如果最后仍然不能成功，可找一人协助。每人逐一尝试。

2. 开始的时候，大家一般都很"文明"，怕伤害到其他的人；而这时也是被围者突围的最佳时机，因为包围者的围困力度是最弱的。

3. 随着游戏的进行，大家慢慢地放开了。中间的人往哪儿冲，外围的力量就向哪边集中，而且外围的圈子越变越小，原来的手拉手也渐渐变为胳膊挽着胳膊，中间几乎没有空隙。

4. 外围的人多，中间只有一个人，力量对比悬殊，突围的人硬闯是闯不出去的。

5. 要打破常规，找男女交叉点，因为那里的"堡垒"是最容易被攻破的。

6. "不择手段"：给怕痒的人挠痒，装出咬人的样子，甚至是钻裤裆……

☆**游戏心理分析**

问题的解决往往各有诀窍。对于个人问题的解决，团体有时是一种助力，有时候是一种障碍。

通过这个游戏可以讨论：比较各人解决同一问题的不同方法；学会聆听自己内心的真实感受；学会用多种角度思考同一问题。

8. 倒着说

☆**游戏目的**

通过颠倒说话调整人们的言语表达能力和心态。

☆**游戏准备**

人数：不限。

时间：不限。

场地：室内。

材料：无。

☆游戏步骤

先规定出题的字数，比如这一轮出题必须在4个字以内，也就是说出题的人可以任说一句话："我是好人。"那么答题人必须在5秒钟之内把刚才的那句话反过来说，也就是"人好是我"。如果说不出或者说错就算失败。

☆游戏心理分析

这个游戏不仅只是一种语言上的游戏，人们在这个游戏中，如果心理状态不好，就很容易出错，如果心里很焦急，就更加容易出错。所以，在这个游戏中，将心态调整好是人们做好游戏的前提。

9. 做，还是不做

☆游戏目的

1. 展示我们在游戏中经历的内心活动。

2. 说明自信的人往往能准确地识别值得称赞的行为，并预测这些行为的结果。

☆游戏准备

人数：不限。

时间：10分钟。

场地：室内。

材料：纸、笔和3张提前写好的标语牌。

☆ **游戏步骤**

1. 请大家想想，当我们处事不够自信时都会选择何种理由，并把理由写在题板纸上。

2. 再让大家想想，为什么有人选择自信的行为。

3. 让人们提出一种情况，在这种情况下，人们很难充满自信。

4. 让小组3人并排坐在一起，面对其他人。中间的参与者将扮演一个能合情合理地决定是否应具有自信的人。

5. 把写有"做"的标语牌交给右边的人，把写有"不做"的标语牌交给左边的人。

6. 游戏现在开始。"做"和"不做"分别用大家在第1步和第2步里想出来的理由，不停地向中间人的耳朵里灌输自己的论据，努力说服他选择自己这一边（他们如果没有理由可说了，可以向其他人寻求帮助）。

7分半钟后，停止争论，请中间的人做决定。为这3个人鼓掌，并请他们回到座位上去。

☆ **游戏心理分析**

在这个游戏中，通过这些争论，在自信不自信的选择中，我们的内心有着很大的起伏和变化。在这些争论中，你需要通过自己的判断看哪些论据更理性，哪些论据更感性，以及哪些是最有说服力的论据？自信的人懂得根据自己内心的揣摩做出最好的决策。

一个自信的人不只看自己的短处，更能看到自己的长处。否定自己是对潜力的扼杀，是能力发挥的障碍。虽然我们不能盲目乐观，但起码要看到自己的长处。发现了自己的闪光点，在以后的交往中就可以扬长避短。不自信还表现为害羞，其实，只要鼓起勇气，敢于迈出第一步，伴随着从未有过的成功体验和对自己的重新评价，便会开始相信自己的能力。等人们对自己形成一个比较稳定的自我肯定模式，不自信的心理就会悄无声息地消失。

10. 塞翁失马

☆游戏目的

通过这个游戏，使人们认识到压力与挫折的两重性，遇事不再抱怨，而是去找寻事情中蕴藏的积极意义与机会。这个游戏还培养人们的积极心态，提高人们的挫折应对能力。

☆游戏准备

人数：不限。

时间：10分钟。

场地：室内。

材料：无。

☆游戏步骤

1. 主持人先给大家讲一个故事：

一个年轻人在教堂做杂工，他常想："如果自己能成为万能的上帝该多好。"

他的想法恰好被上帝知道了,上帝就从天上下来,对他说:"我让你实现愿望,当几天上帝,不过你不可以说一句话。"

年轻人一听非常高兴,不出声还不容易吗?他当然可以做到。

当天他就与上帝换了身份,上帝做杂工。一会儿,一个富人来教堂祷告,祈祷上帝保佑他可以赚更多的钱。说完之后,他向捐款箱里放了一点钱,然后转身走了,但在转身的时候不小心掉了一袋子的钱。做了上帝的年轻人想提醒他,但想到自己不能说话,只好忍住。

过了一会儿,一个穷人走进了教堂。穷人对上帝说:"上帝呀,帮帮我吧,我一家三口都要饿死了。"他祈祷完之后,在起身的时候,发现了地上的钱袋。这个人非常高兴,把钱拿走了。年轻人看了非常着急,他想提醒那个人,这钱是别人刚刚掉的。但想到自己不能说话,他只好再次忍住。

第三个来的人是一个航海员,他马上就要出海了,特地来求上帝保个平安。这时,第一个丢钱的富人回到教堂来找钱,看到航海员在这里,他以为是航海员偷了钱,要航海员还他的钱。航海员觉得莫名其妙,和富人争吵起来,后来两个人还打了起来。

这时候,假装上帝的杂工非常生气,那个在地上假装杂工的上帝为什么不说话呢?他认为自己一定要主持公道,于是来到教堂对富人说:"你不要冤枉航海员,钱不是他拿的,是前面的一个穷人拿的。"

上帝这时候开口对年轻人说:"你不是答应我不出声吗?"

年轻人为自己辩解道:"为了正义我不得不出声。"

上帝接着说:"是吗?难道你认为这就是正义吗?如果你真的想知道,那么就让我来告诉你什么是正义吧!这袋钱富人本来是要拿去嫖妓的,但那个穷人不但用这袋钱养活了自己的家人,还帮助了其他的穷人。航海员因为和富人打架,耽误了开船的时间,却躲过了一场灾难,保全了自己的性命。你现在告诉我,什么是正义呢?"

2. 感悟:我们在生活中面对一些困难和挫折,应该端正好心态去面对,上帝为我们关上了一扇门,也会给我们打开一扇窗。

☆ 游戏心理分析

从这个故事中,我们可以看出,面对压力和困难,我们要怀着积极的心态去面对。积极心态是一种健康的阳光心态。人们以积极的心态,虚心听取,思考,分析,反省,可以从生活中吸收有利于自己成长的营养,促进自己进步。积极心态表现为:

执着:拥有坚定不移的信念。

挑战:勇敢地挺身而出,积极地迎接变化和新的任务。

热情:对生活具有强烈的感情和浓厚的兴趣。

激情:始终对未来充满憧憬和希望,对现在全力以赴地投入。

愉快:乐于助人,懂得分享。

11. 整体决策

☆ **游戏目的**

1. 判断一种物品的价值。
2. 介绍一种判断问题、解决问题的方法。

☆ **游戏准备**

人数：不限。

时间：30分钟。

场地：室内。

材料：纸、笔。

☆ **游戏步骤**

1. 主持人首先确定一件需要大家进行推测的事物，例如，确定一件物品的价值。

2. 让所有人都对此物品做出自己的判断，给出一个可以自圆其说的解释，这一切都是在纸上进行的，人们相互不知道。

3. 将大家的判断公布于众，然后让他们在参考他人的判断之后，重新估计一下自己的判断。

4. 同样的过程再进行两次，然后让他们将自己的判断公布于众。最后我们会发现，大家的判断应该是一个非常接近真实值的判断。

☆ **游戏心理分析**

一件物品的价值，不是由人们的主观因素决定的。很多时候，物品价值来源于其本身。但是，这也需要人们在物品面前有准确的判断力。有了精准的判断，人们才能对物品本身有合理的定位，这样才能合理地猜测物品的价值。

12. 勇于承担责任

☆游戏目的

让参与者勇于承担责任。

☆游戏准备

人数：不限。

时间：不限。

场地：不限。

材料：无。

☆游戏步骤

让参与者相隔一臂站成几排（视人数而定），主持人站在队列前面，面向大家，主持人喊一时，大家向右转；喊二时，向左转；喊三时，向后转；喊四时，向前跨一步；喊五时，原地不动。

当有人做错时，就要走出队列，站到大家面前先鞠一躬，举起右手高声说："对不起，我错了！"

主持人喊数时节奏可以由慢到快，渐做渐快时，错的人也越多。如果有人做错了，想蒙混过关，主持人要提醒："刚才有人错了，请承认。"直到做错了的人认错为止。

☆ 游戏心理分析

面对错误时，有人不愿承认自己犯了错误；虽然也有人认为自己错了，但没有勇气承认，因为很难克服心理障碍；当错误发生时，有些人会试图为自己开脱责任，蒙混过关。勇于面对自己的错误，需要很大的勇气。一个人的责任心不仅是勇于面对错误的一种责任，承担错误，还需要一种力量。这也是一种心理的自我认可。

13. 写下你的墓志铭

☆ 游戏目的

让人们了解生命的重要性。

☆ 游戏准备

人数：不限。

时间：不限。

场地：室内。

材料：白纸、笔。

☆ 游戏步骤

1. 请想象自己坐在一架客机上，宽敞平稳，飞机在万米的高空翱翔。突然，机身发抖，空姐要求大家把安全带系好。广播里传来机长的声音。他通知大家说，飞机发生了严重的机械故障，正在紧急排除。但为了预防最危急的情况，现在将由乘务小姐分发纸笔，你有什么最后的遗言要向家人交代，请留在纸上。

一切要尽快，乘务小姐会在3分钟后收取大家的纸条，然后统一密闭在特制的匣子里，这样即便飞机坠毁，遗言也可完整保存下来。按照飞机现在的飞行高度，在完全失去动力的情况下，还可以滑翔极短暂的时间。乘务员小姐托着盘子走过来，惨白的面颊上，职业性的微笑已被僵硬的抽搐所代替。盘子里盛的不是饮料，不是纪念品，也不是航空里程登记表，而是纸和笔。人们无声地领取这特殊的用品，有抽泣声低低传来。你领到了半张纸和一支短笔。现在，面对着这张纸，你将写下什么？

2. 再为自己草拟一份将来的墓志铭。

☆ **游戏心理分析**

如果你对自己的平庸不满意，你还有时间重振雄风。如果你对自己的浅薄不满意，你还有时间走向深沉。如果你对自己的专业不满意，你还可以选择职业。如果你对自己的性格不满意，你还来得及重塑形象。

面对死亡，人们心理会油然升起一种无助感，这种无助在心理学上叫"习得性无助。"如果人有了习得性无助，就会在内心深处形成深深的绝望和悲哀。因此，在人生中，我们不妨看得开阔些、长远些，看到事件背后真正的决定性因素，这样才能避免让自己陷入绝望的处境。生死是自然的，认真思索自己的人生，回忆自己的过去，可以引发人们更深层次的思考。人们能通过自我反省，把自己的优点更好地发挥出来。这样，我们留下的遗憾才会越来越少。

14. 幸福清单

☆ **游戏目的**

很多有钱人都把生活的幸福当作自己追求的更高目标，而不是追求越来越多的财富。他们的成功经验告诉我们，赚钱不是生活的全部，要在赚钱和享受生活中找到一个平衡点。下边的游戏，告诉我们如何在工作中找到幸福。

☆ **游戏准备**

人数：不限。

时间：15～20分钟。

场地：教室。

材料：纸、笔。

☆ **游戏步骤**

游戏开始前，主持人发表以下感言：在这个游戏当中每个小组要什么样的奖品，体现的是一种对幸福的追求。其实在追求财富的路上，很多有钱人也很重视追求幸福。不要为钱财和工作所束缚，要懂得时时享受财富和工作带给我们的幸福。外面的世界很精彩，我们流连忘返，外面的世界很无奈，我们叹息抱怨，但我们很少停下匆忙杂乱的脚步，审视一下自己的内心，我是谁？我从何处来？我到何处去？我想要的是什么？

这些看似简单的问题常常让我们陷入迷茫和困惑。

那么暂且静下来，试着做做这个游戏吧。

将本游戏的参与者分成几个小组，让这些小组花几分钟时间列举尽可能多的奖品——商业团队愿意为之工作的奖品，列举一份商业团队幸福清单。

让他们讨论物质激励和精神激励的不同效用。

☆**游戏心理分析**

这个游戏可以激发商业团队的表现力，让每一个参与者体会到激励的重要性。选择正确的激励方法，适时地给表现出色的人一些奖励，会激发他们的热情和创造力，从而创造出更多的财富。

在做这个游戏的时候，为了提高团队成员的幸福感，可以让他们共同商量想要何种奖励。这种做法让每个人体会到，个人意志只有和集体意志统一，他们的幸福才有可能得到实现。

15. 黑白诱惑

☆**游戏目的**

在生活中，我们不要被别人的思维所左右，不要被他人牵着鼻子走，当然也不能陷入自己圈定的牢笼，陷入一种固定思维。这个游戏让人们随时改变自己的思维。

☆**游戏准备**

人数：不限。

时间：10分钟。

场地：教室。

材料：图片。

☆**游戏步骤**

1. 主持人准备一张图片，在向参与者展示之前先告诉他们，在看的时候请保持图片上的箭头向下。当他们从图上看到什么时，请举手而不要念出来，以免影响别人的思路。

2. 将图片传下去让大家看。主持人在一边提示，不断询问他们看出什么没有。

3. 一般情况下，观察力好的参与者会很快看出上面写的是"FLY"。

4. 当游戏告一段落时，告诉那些没有看出来的人们，他们应该看图的白色部分而不是黑色的。

在这个游戏中大家会遇到的问题以及答案：

那些没看出来的人的原因是什么？他们的思维是否被那个黑色的箭头束缚住了？我们总会有这样或那样的固定思维，我们是否因为这种固定思维而给自己的生活造成困扰？

除了固定思维，阻碍我们人际交流的还有哪些障碍？除了固定思维外，初次印象、环境和心情等会不会影响我们对交流对象的判断，从而形成障碍。

为什么孩子或那些思维直接的人能很快看出"FLY",而其他人却不行?你想过这个问题吗?这个游戏采用了逆向思维的方法,颠覆了人们从白纸上看黑字的习惯,并用黑色的箭头作误导,很容易就会使人产生固定思维而看不到图案。

☆游戏心理分析

人的思维是可以被左右的,有时候会被别人牵着鼻子走。但有些时候人的思维却是被自己的固定思维所牵制的,一旦进入到这种固定思维中,人们就很难再抽身出来去发现一些不一样的东西了。固定思维有时会给我们的工作带来阻碍,因此我们要适时改变自己的思维。

第二章

智商游戏：给你的智商打打分

16. 头脑风暴

☆游戏目的

1. 练习创造性地解决问题。

2. 启发和引导人们的创造性思维。

☆游戏准备

人数：20人左右。

时间：10分钟。

场地：教室。

材料：回形针、可移动的桌椅。

☆游戏步骤

1. 进行头脑风暴的演练。头脑风暴的基本准则是：

（1）不提出任何批评意见。

（2）欢迎异想天开。

（3）要求的是数量而不是质量。

（4）寻求各种想法的组合和改进。

2. 将全体人员分成每组4~6人的若干小组。

3. 他们的任务是在60秒内尽可能多地想出回形针的用途。

4. 每组指定一人负责记录想法的数量，而不是想法本身。

5. 1分钟之后，请各组汇报他们所想到的主意的数量，然后举出其中"最疯狂"或"最激进"的主意。

☆ **游戏心理分析**

创造力是开创和发展事业的一种良好的个性心理条件。它与一般能力的区别在于其新颖性和独创性。现在已经有名目繁多的心理游戏来测量个体的创造力，而这种游戏只是对创造成就的一般预测。

"头脑风暴法"是一种智力激励法，也是一种创造能力的集体训练法。头脑风暴中，人们的观点应该建立在其他参与者的观点之上，这种做法唯一的目的是为后面的分析得到尽可能多的观点。在众多的观点提出后，人们会得到一些非常有用的价值。在这个自由思考的环境中，头脑风暴会帮助促进产生那些突破普通思考方式的激进的新观点。

17. 应答自如

☆ **游戏目的**

在压力下，看看人们的应变能力。

☆ 游戏准备

人数：不限。

时间：不限。

场地：不限。

材料：无。

☆ 游戏步骤

1. 将所有人分成4人一组，在组内任意确定组员的发言顺序，两个组构成一个大组进行游戏。

2. 让小组确定的第一个发言者出来，对着另一个组喊出任何经过他脑子的词，比如，姐姐、鸭子、蓝天等任何词。

3. 另一个小组的第一个发言者必须对这些词进行回应，比如，哥哥、小鸡、白云等。

4. 发言者必须持续喊，直到他想不出任何词为止，一旦发现自己在说"哦，嗯，哦……"就宣告失败，回到座位上，换小组的下一位上。

5. 哪个小组能坚持到最后，哪个小组获胜。

☆ 游戏心理分析

这种给大脑巨大压力的做法，对于你思考问题是否有帮助？你会发现在大脑短路的同时，可能会有一些以前连想都没想过的想法，而说不定就是这些想法可以帮助你更好地解决问题。解决问题是大脑应对问题的一种策略。人们只有开动自己的大脑，才能在最短的时间内找到问题的症结，把问题解决掉。

18. 预测后果

☆ **游戏目的**

在游戏中通过推断看看人们预测未知事情的能力。

☆ **游戏准备**

人数：不限。

时间：不限。

场地：不限。

材料：无。

☆ **游戏步骤**

游戏组织者举例向大家说明游戏步骤：

如果太平洋的水位在10天之内涨高100米，将会出现什么样的后果？

可能出现的后果有：

（1）陆地减少，地价暴涨。

（2）耕地减少了，全世界的粮食会严重短缺。

（3）海边的许多城市将被淹没。

（4）人类将更加重视研究开发利用海水。

（5）世界许多港口将被淹没。

……

其实有很多不固定的答案。大家开动脑筋，看看你的预测能力如何？

游戏开始，请大家预测如果出现下面的情况，结果会怎么样？

（1）如果动物比人聪明，会出现什么样的后果？

（2）如果没有了白天，会出现什么样的后果？

（3）如果水往高处流，会出现什么样的后果？

（4）如果地球失去了引力，会出现什么样的后果？

（5）如果汽车和自行车的价格一样，会出现什么样的后果？

☆游戏心理分析

这是一个很有趣的游戏——一种不可能发生的假设突然出现了，然后要求你预测其后果。游戏没有固定的答案，只要你敢想，什么可能都有，当然前提是答案要相对合理。其实，每件事情的后果我们是无法预料的，可是，我们可以凭着推断能力和思考力做出一些预料和推测。这也是一种能力的体现。

19. 玩转文字

☆游戏目的

这是一个开发人们智力和想象力的游戏。

☆游戏准备

人数：不限，4人一组。

时间：不限。

场地：不限。

材料：随意写着各种词汇的小纸条，词汇包括各种名词、动词、形容词、量词等，还有一些平时不大常见的事物、不常经历的场景和不常做的活动等，几个盘子。

☆游戏步骤

1. 随机造句

将写着词的纸条折好，按形容词、名词、动词、量词、名词的顺序分别放在不同的盘子里。

参加游戏的人每人依次去每一个盘子里分别取一张纸条。

根据顺序读出由随机抽取的词组成的句子，可能很滑稽，如："灵活的奶牛编织窗子"。每个参与者都会想象这样一个奇怪的情景，会捧腹大笑，也会记住那些画面，有更多离奇的想法。

2. 随机编故事

将写着名称、场景和活动的词语的各类纸条放在不同的盘子里。

参加游戏的人每人随机取3张不同类的纸条。

给五分钟的时间，每人根据3个词编一个故事，要求情节完整流畅、表达清楚、合乎语法逻辑。这是个很难的创造过程，要在3个可能看起来一点儿关系也没有的词之间建立一种联系，没有丰富的想象力是不可能的。

☆游戏心理分析

智力是人们在认识过程中所形成的比较稳定的、能确保认识活动有效进行，和发展人脑智能功能的心理特征的综合。它具体表现为注意力、记忆力、思维能力、想象力、创造力等几个方面，是它们有机结合而成的。在此我们应先明白一个观点：

头脑是控制人类心理活动的枢纽,所有的心理特征实际上都是有关头脑的特征,而人的智力是控制和调节各种心理活动的关键。

20. 迷宫探宝

☆游戏目的

这个游戏可以开发人们的创新能力和思考能力。人们在游戏中可以发挥自己的创新能力,将自己的创新思维淋漓尽致地展现出来。

☆游戏准备

人数:不限。

时间:不限。

场地:不限。

材料:选择一个有大落地镜子的场地,准备好制作一个复杂的迷宫所需的材料:任何能移动的有固定形状的物体,如凳子、椅子、桌子、垫子、积木、饼干筒、脸盆、锅、书等,一些小礼物。

☆游戏步骤

将参与者分成两人一组,一人制作迷宫,一人迷宫探宝。两人轮流交换。

1. 制作迷宫

用积木组成一个正方形或其他形状的圈,在相对的两条边上各留出一个口,分别作为出口、入口;在圈内再排一个圈,不留口，圈间的甬道里放一个球或其他障碍物，这是最简单的迷宫；在圈上开两个口，在甬道里再放一个障碍物，难度就增加了，障碍物和口的位置决定了迷宫的水平；在圈上开 3 个口，在甬道里放两个或三个障碍物，具体位置是可以随意安放的，不过最好的迷宫是每个开口和每个障碍物都会经过；再增加一个圈，难度更大了。

就这样，用增加圈数、开口数和障碍物的数量，设计开口和障碍物的位置来控制迷宫的难度。在这个过程中，参与者的创造力和空间想象力得到很好的发挥。

在迷宫的甬道中放置一些如水果、糖、笔、粘贴纸等的小礼物，不一定是在可行的甬道上，可随机分布。

2. 迷宫探宝

迷宫制作完成后，让探宝者看着大落地镜子中的迷宫穿越。镜子中的图像与现实中的正好左右颠倒，需要做一些空间旋转思维活动才能完成这个游戏。穿越过程中有小礼物就捡起来。

迷宫的基本原理是：从起点到终点之间有一个圆、正方形或其他什么形状，圈中又有几重圈，各个圈有几个开口，圈与圈之间的通道上不规则地分布着一些障碍，使得穿过的人不能随意通行，必须找到避开障碍的路径。制作迷宫的人则应努力增加难度。

如果参与者在制作迷宫时总是重复某个策略，如总是逢口右转，组织者要有意识地提示，既安排向右转的路径，又安排向左转的路径。这样可以更好地发挥创造力。

☆游戏心理分析

创造力，是人类特有的一种综合性本领。一个人的创造力是知识、智力、能力及优良的个性品质等多种因素综合优化构成的。创造力是指产生新思想，发现和创造新事物的能力。它是成功地完成某种创造性活动所必需的心理品质。创造力的发挥也是人们新思想的一种散发，人们在新的思维中可以发现一些常规思维看不到和想不到的。

21. 海盗分金

☆游戏目的

看看人们的推理能力。

☆游戏准备

人数：不限。

时间：不限。

场地：不限。

材料：无。

☆游戏步骤

1. 组织者给大家讲故事：

10名海盗抢到了窖藏的100块金子，并打算瓜分这些战利品。这是一些讲民主的海盗（当然是他们自己特有的民主），他们的习惯是按下面的方式进行分配：最厉害的一名海盗提出分配方案，然后所有的海盗（包括提出方案者本人）就此方案进行表决。如果 50% 或更多的海盗赞同此方案，此方案就获得通过，并据此分配战利品。否则提出方案的海盗将被扔到海里，然后下一名最厉害的海盗又重复上述过程。

所有海盗都乐于看到他们的一位同伙被扔进海里，不过，如果让他们选择的话，他们还是宁可得一笔现金。他们当然也不愿意自己被扔到海里。所有海盗都是有理性的，而且知道其他海盗也是有理性的。此外，没有两名海盗是同等厉害的——他们按照完全由上到下的等级排好了座次，并且每个人都清楚自己和其他人的等级。

这些金块不能再分，也不允许几名海盗共有金块，因为任何海盗都不相信他的同伙会遵守关于共享金块的安排。这是一伙每个人都只为自己打算的海盗。

2.参与者根据上面的提示分析：最厉害的一名海盗应当提出什么样的分配方案，才能使他获得最多的金子呢？

分析所有这类策略游戏的奥妙就在于，应当从结尾出发倒推回去。游戏结束时，你容易知道何种决策有利而何种决策不利。确定了这一点后，你就可以把它用到倒数第 2 次决策上，依此类推。如果从游戏的开头出发进行分析，那是走不了多远的。其原因在于，所有的战略决策都是要确定："如果我这样做，那么下一个人会怎样做？"因此在你以下的海盗所做的决定对你来说是重要的，而在你之前的海盗所做的决定并不重要，因为你反正对这些决定也无能为力了。

记住了这一点，就可以知道我们的出发点应当是游戏进行到只剩两名海盗（即1号和2号）的时候。这时最厉害的海盗是2号，而他的最佳分配方案是一目了然的：100块金子全归他一人所有，1号海盗什么也得不到。由于他自己肯定为这个方案投赞成票，这样就占了总数的50%，因此方案获得通过。

现在加上3号海盗。1号海盗知道，如果3号的方案被否决，那么最后将只剩2个海盗，而1号将肯定一无所获——此外，3号也明白1号了解这一形势。因此，只要3号的分配方案给1号一点甜头儿，使他不至于空手而归，那么不论3号提出什么样的分配方案，1号都将投赞成票。因此3号需要分出尽可能少的一点金子来贿赂1号海盗，这样就有了下面的分配方案：3号海盗分得99块金子，2号海盗一无所获，1号海盗得1块金子。

4号海盗的策略也差不多。他需要有50%的支持票，因此同3号一样，也需再找一人做同党。他可以给同党的最低贿赂是1块金子，而他可以用这块金子来收买2号海盗。因为如果4号被否决而3号得以通过，则2号将一文不名。因此，4号的分配方案应是：99块金子归自己，3号一块也得不到，2号得1块金子，1号也是一块也得不到。

5号海盗的策略稍有不同。他需要收买另两名海盗，因此至少得用2块金子来贿赂，才能使自己的方案得到采纳。他的分配方案应该是：98块金子归自己，1块金子给3号，1块金子给1号。

这一分析过程可以照着上述思路继续进行下去。每个分配方案都是唯一确定的，它可以使提出该方案的海盗获得尽可能多的金子，同时又保证该方案肯定能通过。照这一模式进行下去，10号海盗提出的方案将是96块金子归他所有，其他编号为偶数的海盗各得1块金子，而编号为奇数的海盗则什么也得不到。这就解决了10名海盗的分配难题。

为方便起见，我们按照这些海盗的怯懦程度来给他们编号。最怯懦的海盗为1号海盗，次怯懦的海盗为2号海盗，依此类推。这样最厉害的海盗就应当得到最大的编号，在这样的编号提示下大家开始思考吧……

☆ 游戏心理分析

逻辑推理能力是以敏锐的思考分析、快捷的反应、迅速掌握问题的核心，在最短时间内做出合理正确的选择。逻辑推理需要雄厚的知识积累，这样才能为每一步推理提供充分的依据。

逻辑思维有较强的灵活性和开发性，发挥想象对逻辑推理能力的提高有很大的促进作用。很多问题，根据我们的推理能力认真分析，我们可以找到最好的解决方案。每一个问题都会有一个解决方案，有的问题不止一个答案，不同的角度解决问题的方法就会不同。

22. 快速记词

☆ 游戏目的

转换人们的思维模式。

☆游戏准备

　　人数：不限。

　　时间：不限。

　　场地：不限。

　　材料：每人准备一支铅笔和一张白纸。

☆游戏步骤

　　游戏组织者把下面的词语写在黑板上，参与者用5分钟时间，按顺序记忆下列词语，然后把它们写在纸上。看谁又快又对。

　　桌子、云朵、坦克、铅笔、大树、看戏、开水、气球、母牛、说话、自习、武术、百货大楼、公路、怪物、房间、大炮、校园、美国、暖气。

　　如果死记硬背，5分钟内要按顺序记下20个独立的词语，确实有些难度，那么，让我们用联想记忆法试试，体会一下，可将这些词联想为：自己吃饭的桌子突然变成了七彩云朵，托起了坦克，飞过之处落下了许多铅笔，到地上变成了大树，坐在大树上看戏，口渴了，想喝开水，拽着气球飘下树，正落到一头母牛身上，母牛说话了，让你快去上自习，自习课上教了武术，使你一下跳上百货大楼楼顶，不知什么时候，楼顶修成了公路，公路上跑来一只怪物，托着你的房间往大炮里送，要打通校园地面连接美国的暖气。怎么样，轻松多了吧？

☆游戏心理分析

　　如果一个办法行不通，我们可以转换自己的思维方式，换一种方法，或许你会发现问题没有想象中的难。人的思维都有惯性，固守一种思维模式会让我们的思维停滞在某一点。思维和逻辑必须灵活而且多变，这样才能找到解决问题的最佳方案，同时也能找到最简便的方案。

23. 数数大挑战

☆ **游戏目的**

提高自己的注意力，保持清醒的头脑。

☆ **游戏准备**

人数：不限。

时间：不限。

场地：不限。

材料：无。

☆ **游戏步骤**

1. 所有人围成一圈，大家一起数数。数数的规则是每人按照逆时针一个人数一个数，从1数到50，遇到7或7的倍数时，就以拍巴掌表示。然后，由原来的逆时针顺序改为顺时针开始数。

2. 开始按逆时针方向数到6以后，数7的人拍一下巴掌，然后按顺时针方向数8，当数到14的时候，拍一下巴掌，方向又变为逆时针。以此类推，直到数到50。

3. 数错的人要表演小节目。

☆ **游戏心理分析**

越是简单的游戏,人们的心理最容易放松警惕,也最容易出错。所以,我们在任何时候都要保持清醒的头脑。

一个人成功的时候,还能保持清醒的头脑,而不趾高气扬,他往往会取得更大的成功。许多人努力过、奋斗过、战胜过不知多少的艰难困苦,凭着自己的意志和努力,使许多看起来不可能的事情都成了现实;然后,他们取得了一点小小的成功,便经受不住考验了。一旦懈怠,放松了对自己的要求,人就容易跌倒了。

24. 记忆关键字

☆ **游戏目的**

你对自己的记忆力有信心吗?有没有因为忘了不该忘的事而造成不必要的麻烦?其实,好记性不完全是天生的,利用有效的记忆方法,你一样可以记得更牢。

☆ **游戏准备**

人数:10～20人

时间:15分钟。

场地:不限。

材料:无。

☆ **游戏步骤**

1. 通过关联法来学习,认识大多数事物。这项练习会提供一个简单快速记忆十个关键词的方法。为简便起见，以教室作为联系物。

2. 先给教室的每堵墙和每个角落指定一个数字。1、3、5、7为角落，2、4、6、8为墙，地板为9，天花板是10。主持人和参与者一起，一遍遍复习数字的指向。如"这堵墙是几"直到学员准确记住10个数字的指向。

3. 给每个数字指定一个具体事物：

1（角落）——洗衣机

2（墙）——炸弹

3（角落）——公司职员

4（墙）——药

5（角落）——钱

6（墙）——青蛙

7（角落）——小汽车

8（墙）——运货车

9（地板）——头发

10（天花板）——瓦片

4. 为了快速有效地记住每个指定的具体事物，非常有必要赋予每个事物一个不寻常的、傻乎乎的、甚至是过分夸张的视觉效果。比如："1是一台很大的，足足有10米高的洗衣机。它正在洗衣服，弄得到处是水。"而学员必须去想象这个情景。"2呢，假想那堵墙坍塌了下来，因为有一枚炸弹爆炸了。""3呢，看！一个2米高的公司职员戴着一顶可笑的白帽子，从那个角落朝我们笔直走了过来。"就这样，赋予每个数字和事物以视觉效果。

5. 当参与者通过这个方法有效记住10个相互之间毫无关联的事物后，讲师总结："把记忆方法收入你的记忆库中。下次当你要回想起那10个关键字时，就想想你在这个房间每堵墙、每个角落、天花板和地板上所看到的那些傻乎乎的夸张景象。记住，你设想的东西越有趣，你以后越能轻易地回想起来。"

☆ 游戏心理分析

记忆这种存在于人脑中的思维形式，是心智活动的一种。许多心理学家认为，记忆代表着一个人对过去活动、感受、经验的印象累积，有相当多种分类，主要因环境、时间和知觉来分。记忆也是人们智慧的仓库，经常梳理过去的记忆，不仅可以让沉淀的那些影像清晰，还可以增进人们的记忆力。

记忆，是获取知识的必要条件和重要手段，也是衡量一个人智商高低的重要方面。

25. 侦察敌情

☆ 游戏目的

通过判定乒乓球的位置看人们的勘察力。

☆ 游戏准备

人数：不限。

时间：不限。

场地：室内。

材料：乒乓球。

☆ **游戏步骤**

1. 参与者围成一个圆圈站或坐着。每人之间相隔50厘米，双手背在身后，用一乒乓球作为被侦察对象。

2. 选出一人站在圈中央当"侦察兵"。

3. 游戏开始后，乒乓球在围圈人背后手中传来传去，传球人也可不将球传出，只做一个假动作（传或不传），而下一个接球人未接到球也要做个接球动作，并连续"传"下去，以迷惑侦察兵。

4. 侦察兵经仔细观察，判定球在谁手中时可指着对象喊："不许动！"如球在该对象手中，侦察兵即胜利完成任务，两人互换，拿球人当侦察兵；侦察兵如果喊了3次还没有侦察到敌情，就是没有完成任务，得表演一个节目。

☆ **游戏心理分析**

本游戏对提高观察力颇有帮助。侦查不仅是行为上的一种勘察，这种侦查需要人们缜密的观察以及细致的分析，才能得到想要的结果。这也是人们一种敏锐的观察力的体现。人们通过对客观事物的观察，有计划、有耐心的思考，就能根据一些细节评判出最佳信息。

26. 开火车

☆游戏目的

训练人们的反应能力。

☆游戏准备

人数：两人以上。

时间：不限。

场地：室内。

材料：无。

☆游戏步骤

1. 每个人说出一个地名，代表自己。但是地点不能重复。

2. 游戏开始后，假设你来自北京，而另一个人来自上海，你就要说："开呀开呀开火车，北京的火车就要开！"大家一起问："往哪开？"你说："往上海开！"代表上海的那个人就要马上反应接着说："上海的火车就要开！"然后大家一起问："往哪开？"再由这个人选择另外的游戏对象，说："往某某地方开！"如果对方稍有迟疑，没有反应过来就输了。

☆游戏心理分析

这个游戏可以训练人们的反应能力。反应能力是人们处理事情的一个最原始的表现。面对任何事情，尤其是突如其来的事情，最初的反应最容易反映出一个人的内心世界。这也是人们沟通的一个基本。人们在游戏中不仅可以看到自己的反应能力，也能增进人与人之间的沟通。

27. 抢凳子

☆游戏目的

通过抢凳子看人们的反应能力。

☆游戏准备

人数：5人。

时间：不限。

场地：室内。

材料：4张凳子，音乐设备。

☆游戏步骤

1. 将4张凳子围成一个圆圈，5位参与者站在凳子周围。

2. 开始放音乐，音乐一停，5个人抢凳子坐，有4个人坐下，剩下没坐上凳子的那个人就被淘汰。

3. 去掉1张凳子，剩下3张凳子，4个人又听音乐，音乐一停，3个人坐下，剩下的那个又被淘汰……最后剩下1张凳子两个人抢，最后抢到凳子的那个人获胜。

☆游戏心理分析

在这个游戏中，人们的竞争意识得到提高，反应能力也随之加强。在竞争的状态下，大家会高度集中自己的注意力，反应能力比在平常状态下更敏捷。

28. 气体举重

☆ 游戏目的

让人们认识到勇气的重要性。

☆ 游戏准备

人数：不限。

时间：不限。

场地：不限。

材料：准备一个结实的长方形纸袋或是一个塑料袋，几本厚书。

☆ 游戏步骤

如果有人说，他能用呼出的气把10千克重的东西升上一定的高度，你一定会认为他是在吹牛，根本不可能！其实，只要方法得当，呼出的气是完全可以举起10千克重的东西的。

把塑料袋放在桌子上，在上面放一大堆书——拿你能找到的最厚、最重的书。这时，你可以开始往袋里吹气了。要注意，吹气口应该很小，这样吹起来比较容易一些，不需要费很大的力气。

吹气要慢一些，吹得要匀一些。你会发现你吹出来的气，进到袋里以后，随着袋子慢慢地鼓胀，轻而易举地就把上面一大堆书举起来了。

其实，只要这个纸袋或塑料袋的尺寸是200平方厘米（10厘米×20厘米），你吹出稍微比一个大气压大一点的气，就可以使袋子得到一个约 20 千克的力，因此，很容易举起 10 千克的重物。

☆游戏心理分析

用气体举重，听起来觉得不可思议。可是你看完这个游戏的时候，有没有觉得许多不可能的事情其实都是有解的。遇到问题时，不管有多难，都要勇敢面对。相信自己的能力，有了勇气，就会很快找到问题的解决办法。

29. 画图表意

☆游戏目的

发散思维是一种灵活的思维方式。人们在游戏中可以发挥思维的灵动性和主动性。

☆游戏准备

人数：不限。

时间：不限。

场地：不限。

材料：准备一块黑板和几根粉笔，发给参与者每人一张纸和一支笔，并让大家在纸上画好 6 个小方格。

☆游戏步骤

在黑板上写下一串词组，要求每人从这一串词组中，选出 6 个来。然后，根据词的意思画成 6 幅图画。这个游戏的关键和难点是画面上不能出现任何一个词，但又能让别人明白你画的是什么。

词可以任意给出，但最好是比较常见的，避免生僻词出现，比如埃及、纽约、战争、爱、和平、幸福、饥饿……

☆游戏心理分析

发散思维是从一个目标或思维起点出发，沿着不同方向，顺应各个角度，提出各种设想，寻找各种途径，解决具体问题的思维方法。发散思维的培养应围绕3种技能进行。

流畅性。这种技能可以培养人们的思维速度，人们可以列举较多的解决问题方案，在短时间内表达自己的意愿，探索较多的解决问题的可能性。

灵活性。这是一种多方向、多角度思考问题的灵活思维。

独创性。这种思维是指产生与众不同的新奇思想的能力。敢于创新的创造精神。

第三章

情商游戏：搬掉阻碍成功的绊脚石

30. 应聘技巧

☆游戏目的

求职面试对于每一个人来说都是很重要的事情，如何在短短的 30 分钟内让招聘人员了解你，展现出自信和良好的沟通能力起着很大作用。本游戏用于测试人们的情商，并且培养自信心。

☆游戏准备

人数：不限。

时间：60 分钟。

场地：室内。

材料：白纸、计分器、笔、角色描述卡片。

☆游戏步骤

1. 将人们分成几个小组，每一组负责某一个方面的问题，每个方面都需要提出 3～5 个问题。例如：

（1）关于应聘者个人的问题。

（2）关于情商的问题。

（3）关于价值和态度的问题。

2. 给每个小组5分钟时间，大家设想在面试过程中可能会遇到的问题，并将其记录下来。

3. 请每个小组选出他们将要提问的3个问题，这3个问题可以以一个标准选取。

4. 挑选出4位参与者充当志愿者，其中一位是面试考官，3位是应聘者。发给3个应聘者每人一张角色描述卡片。

5. 现在，面试官给每个应聘者10分钟时间回答问题，问题可以是刚才大家提出来的，也可以是面试官认为很重要，但大家并没有提到的。应聘者轮流回答问题，一直到10分钟的时间停止。

6. 请面试官选出他想要录取的应聘者，并陈述理由。

7. 大家投票表决招哪个人，记录每个应聘者的支持人数，并排序。注意，每个人只有一次投票机会。

☆游戏心理分析

自信是树立个人良好形象的资本和优越条件。自信能体现出一个人的自尊自爱，能使人赢得他人的欢迎，所以我们一定要有自信。在社会中，有自信的人才是最引人注目的。尤其是在面试的过程中，自信最能彰显一个人的神采，也是自己智慧流露的表现。自信的人懂得如何在面试中更好地展示自我形象。

31. 挪亚方舟

☆ **游戏目的**

在紧张的氛围下，看看人们的心理状态。

☆ **游戏准备**

人数：不限。

时间：不限。

场地：室内。

材料：椅子（比参加游戏人数少一张）。

☆ **游戏步骤**

1. 将椅子围成一圈。先选出一人当挪亚，除了挪亚外，其余的人坐在椅子上，挪亚站在场地中央。

2. 每个人必须为自己选个代表的动物。

3. 挪亚走到每个人面前，他可叫任何一个"动物"，被叫到的"动物"必须站起来跟着他走。当挪亚说："洪水来了！"站着的所有人，包括挪亚，必须赶紧找个空位坐下，没有座位的那人则变成挪亚，原挪亚则变成该动物。

4. 当挪亚 3 次的人则算输。

这个游戏适合聚会时玩，可以活跃气氛。

☆ **游戏心理分析**

这是一个活跃气氛的游戏，但是在轻松的气氛中，我们可以看出其中的紧张环节。紧张的气氛往往会让人变得拘束，因而无法很好地做事。人们在游戏中要有很好的记忆力，并且要有很快的反应能力，要想不出错，则需要保持良好的心理，不让不良情绪影响自己。

32. 聪明的囚犯

☆游戏目的

看一个人如何在两难境地时，保持积极的心态，并从中受益。

☆游戏准备

人数：不限。

时间：3～10分钟。

场地：不限。

材料：一个小奖品。

☆游戏步骤

准备一个小奖品，大家围成一圈坐好。

主持人向大家叙述以下故事：

古希腊有个国王，想把一批囚犯处死。当时流行的处死方法有两种：一种是砍头，一种是处绞刑。怎样处死，由囚犯自己挑选一种。

挑选的方法是这样的：囚犯可以任意说出一句话来，这句话必须是马上可以检验其真假的。如果囚犯说的是真话，就处绞刑；如果说的是假话，就砍头。

结果，许多囚犯不是因为说了真话而被绞死，就是因为说了假话而被砍头；或者因为说了一句不能马上检验其真假的话，而被视为说假话砍了头；或者因为讲不出话来，而被当成说真话处以绞刑。

在这批囚犯中，有一位极其聪明。当轮到他选择处死方法时，他说出了一句巧妙的话，结果使得这个国王既不能将他绞死，又不能将他砍头，只得把他放了。

然后，请大家猜猜这个聪明的囚犯说了一句什么话？谁先猜出，发给一个小奖品。

聪明的囚徒对国王说："你们要砍我的头！"

国王一听感到为难：如果真砍他的头，那么他说的就是真话，而说真话是要被绞死的；但是如果要绞死他，那么他说的"要砍我的头"便成了假话，而假话又是要被砍头的。他说的既不是真话，又不是假话，也就既不能被绞死，也不能被砍头。

☆ **游戏心理分析**

聪明的囚徒取胜的关键在于，在困难面前，他能运用积极的心态思考解决问题的方法，让国王陷入推理的两难境地。推理是将一些未知的事物从已知的一些零散的事情中推断出来，需要缜密的思考和反复推敲，最后做出决断。而只有保持积极乐观的心态，才能让自己于冷静之中推理出最佳方案。

33. 联想记忆法则

☆ **游戏目的**

帮助人们记住彼此的姓名,并快速熟悉起来。

☆ **游戏准备**

人数:不限。

时间:3～10分钟。

场地:不限。

材料:无。

☆ **游戏步骤**

1. 请向大家做自我介绍,尽可能温柔、有感染力地介绍。要求他们站起来说出自己的姓名,并把与姓名相关联的事物一同说出。例如:

(1)"我叫梅兰,我爱吃话梅。"

(2)"我叫丹尼,我要开一辆面包车。"

(3)"我叫小雷,我不喜欢打雷。"

(4)"我叫翁奇,我不是老头。"

2. 请每位选择一个能帮助别人记住他自己特点的方式,也可以用押尾韵的方式说出来。例如:"我是快乐的叶乐。"

☆ **游戏心理分析**

记忆联结着人的心理活动的过去和现在,是人们学习、工作和生活的基本机能。这是人们获取知识的必要条件,也是衡量一个人智商高低的一个重要方面。如何帮助一个人更好地记忆呢？你可以借用情商的力量，用有感染力的话语吸引他人的注意力，以更好地记住你传递的信息。

34. 穿衣服

☆**游戏目的**

沟通的一大误区就是，假设别人所知道的与你知道的一样多，这个游戏就以一种很喜剧的方式说明了这一点给人际交往带来的不便。

☆**游戏准备**

人数：不限。

时间：20分钟。

场地：不限。

材料：西服一件。

☆**游戏步骤**

1. 挑选两名参与者扮演"小明"和"小华"，其中小明扮演老师，小华扮演学生，小明的任务就是在最短的时间内教会小华怎么穿西服（假设小华既不知道西服是什么，又不知道应该怎么穿）。

2. 小华要充分扮演学习能力、办事效率比较弱的人，例如：小明让他抓住领口，他可以抓住口袋，让他把左胳膊伸进左袖子里面，他可以伸进右袖子里面。

3. 有必要的话，可以让全部参与者辅助小明来帮助小华穿衣服，但注意，只能给口头的指示，任何人不能给小华以行动上的支持。

4. 推荐给小明一种卓有成效的办法：示范给小华看怎么穿。

在游戏的开始阶段，小明就觉得很恼火，这主要是因为小明认为一般人都应该会穿西服，而小华恰恰不会穿西服。以下是工作指导的经典四步培训法：

（1）小明解释应该怎么做。

（2）小明演示应该怎么做。

（3）向参与者提问，让他们解释应该怎么做。

（4）请参与者自己做一遍。

☆游戏心理分析

在沟通的过程中，微笑和肯定是非常重要的。因为你的积极的情绪能够有效地影响他人。肯定别人做出的成绩，即使是微不足道的，也可以帮助他们巩固自己的自信心，更快地掌握所要学习的知识。

35. 暴风骤雨

☆游戏目的

调动队员的情绪，让人们认识到积极的情绪对人们的影响。

☆游戏准备

人数：不限。

时间：15分钟。

场地：空地。

材料：无。

☆ **游戏步骤**

1. 让所有参与者碰撞身体的任何部分发出两种以上的声音。

2. 让所有参与者以自己最擅长的方式发出声音。

3. 主持人引导大家渐渐形成4种声音发出的方式：

（1）手指互相敲击。

（2）两手轮拍大腿。

（3）大力鼓掌。

（4）跺脚。

4. 引导人们进行声音联想，进而形成有节奏的声音。

5. 用雨声比喻4种声音。

（1）"小雨"——手指互相敲击。

（2）"中雨"——两手轮拍大腿。

（3）"大雨"——大力鼓掌。

（4）"暴雨"——跺脚。

6. 主持人说："现在开始下小雨，小雨变成中雨，中雨变成大雨，大雨变成暴风雨，暴风雨变成大雨，大雨变成中雨，又逐渐变成小雨……最后雨过天晴。"随着不断变化的手势，让人们发出的声音不断变化，场面会非常热烈。

7. 最后："让我们以暴风骤雨般的掌声迎接……"（游戏结束）

☆ **游戏心理分析**

一个人情绪的高低直接影响到他的心理状况。如果一个人情绪高昂，他也必是欢畅的；情绪不好，他必然低落。情绪是人与生俱来的一种心理反应，如喜、怒、哀、乐，易随情境变化。人在每天的生活中免不了会出现好情绪和坏情绪，但关键是如何保持情绪平衡。如果不能很好地调节情绪，势必会陷入泥潭之中。

36. 微笑面对"不可能"

☆游戏目的

培养人们乐观向上的心态。

☆游戏准备

人数：不限。

时间：2～5分钟。

场地：宽敞的草坪。

材料：2～3米长的绳子。

☆游戏步骤

1. 把绳子拉直后放在地上。

2. 让参与者在距绳子30厘米处站立，然后下蹲，双手分别紧握脚后跟。

3. 任务是跳跃通过绳子，手脚不能松开。只能向前跳跃，不能滚动或者倒下。

4. 当所有人都放弃后，主持人告诉大家有些事情根本不可能"赢"。成功和失败不是最重要的——关键是通过参与获得一些人生启迪：对于看起来似乎"不可能完成"的事情，有些的确无法办到，但有些却未必。总之，重在参与，乐在其中。

☆ **游戏心理分析**

每个人需要时刻保持乐观健康的情绪，因为你的情绪会影响到大家的情绪，你的态度会影响到大家的态度。如果你已经不堪重负而垂头丧气，你周围的人还能振作精神吗？你的情绪是你自己的，由你自己来控制，只要你努力了，快乐的情绪就不难得到。排除忧愁，化解哀怨，努力去改变自己对事情的看法，事事多往好的一面想，你会发现自己的情绪一天天在改变，心情在一天天变好。只要你去做了，就能收到效果。

37. 一句感谢的话

☆ **游戏目的**

让人们对他人的关心与帮助表示感谢。

☆ **游戏准备**

人数：不限。

时间：10分钟，具体视人数而定。

场地：宽敞的会议室。

材料：节奏欢快的音乐、网球。

☆ **游戏步骤**

1. 主持人让所有人围坐成一圈。

2. 请所有人想一句感谢的话。这句话可以讲给主持人听，也可以讲给其他人听。这句话可以是正经的，也可以是幽默的。

3. 给大家1分钟思考的时间，开始循环播放节奏欢快的音乐。

4. 主持人随机选一人开始，说完之后，将手中的网球抛给其他人，依次进行。

☆**游戏心理分析**

感恩是人们普遍拥有的一种感激心理，也是一种处世哲学。感恩是你对一个没有关系，或者关系不够亲密的人，给予你帮助所产生的一种亏欠心理。生命的个体是相互依存的，世界上每一样东西的存在都依赖于其他东西。父母的养育，师长的教诲，配偶的关爱，他人的服务，大自然的慷慨赐予……你从出生那天起，便沉浸在恩惠的海洋里。你只有真正明白了这个道理，才会感恩大自然的福佑，感恩父母的养育，感恩社会的安定，感恩食之香甜，感恩衣之温暖，感恩花草鱼虫，感恩苦难逆境。就连自己的敌人，也不要忘记感恩，因为真正促使自己成功，使自己变得机智勇敢、豁达大度的，不是顺境，而是那些常常可以置自己于死地的打击、挫折和对立面。

38. 他人的祝福

☆**游戏目的**

让人们感受他人送上的祝福。

☆**游戏准备**

人数：不限。

时间：20分钟。

场地：会议室。

材料：人名纸、节奏欢快的音乐。

☆游戏步骤

1. 大家围坐在一起。

2. 主持人对大家说："人与人因为有缘才会相聚在一起，我们现在来做一个分享祝福的活动。"

3. 主持人发给每人一张纸（纸上已写有不同人的名字），开始播放节奏欢快的音乐。

4. 告诉大家，现在每个人手中都有一张写有不同人名字的纸，请在纸上写下你对这个人的祝福，30秒钟后，请自动向右转，然后继续写下祝福，不必署名。

5. 转完一圈后，即停止。

6. 主持人对大家说：此刻每个人的手中都有一张写满祝福的纸，现在我们从眼睛最大的伙伴开始，向大家宣布你手中的祝福，在宣布的时候请先说明这些神秘的祝福是送给谁的。

7. 第一个人说完之后，请右侧的人继续。

☆游戏心理分析

一个常怀感恩之心的人，一定是个幸福的人。感恩是爱的根源，也是快乐的必要条件。如果我们对生命中所拥有的一切心存感激，便能体会到人生的快乐、人间的温暖以及人生的价值。常怀感恩之心，将使你不再浪费生命去悲叹不公，也不会使你目光短浅，只看到自己的不幸，而失去快乐的机会。怀有感恩之心，人的灵魂才能饱满、润泽。

39. 正面评价

☆ 游戏目的

通过正面评价实现对人们的激励。

☆ 游戏准备

人数：不限。

时间：5分钟。

场地：不限。

材料：花名册、信封、卡片。

☆ 游戏步骤

1. 给每位参与者发一份花名册和一套卡片，卡片数与参与者人数相同。

2. 请人们在卡片的一面上写出对每个人的正面评价，把被评价者的名字写在另一面。

3. 把卡片收上来按人名装入信封发给每个人。

4. 给大家留足够的时间来快速浏览一下关于自己的卡片。

☆ 游戏心理分析

正面评价对激励一个人有很大的作用。人们在充满信任、赞赏、鼓励等正面因素影响的环境中生活、成长，内心深处更易受到启发和鼓励，也才有可能勇敢地去做自己想做的事。

40. 改变还是被改变

☆ 游戏目的

让人们学会保持积极的心态。

☆ 游戏准备

人数：不限。

时间：20～30分钟。

场地：宽敞的会议室或户外。

材料：土豆、鸡蛋、茶叶。

☆ 游戏步骤

1. 主持人先给大家讲一个"土豆、鸡蛋和茶叶"的故事：

一个女孩在大学毕业后不久，在工作中事事都不顺心。她不知道如何应对这些压力，一个问题刚解决，新的问题就又出现了。在这种巨大的压力下，她甚至想辞职不干了。

女孩的父亲是个不善言辞的修车匠，听了女儿的话，没有说话，而是把女儿带进了厨房。到了厨房，他先往3只锅里倒入一些水，然后放在火上烧。不久，锅里的水开了。他往第一只锅里放了些土豆，第二只锅里放了几个鸡蛋，最后一只锅里放进了茶叶，然后继续用开水煮。

大约15分钟后，父亲把火关了。他把土豆和鸡蛋分别放到两个碗里，然后把茶水舀到一个杯子里。做完这些后，他转身问女孩："女儿啊，你现在有何感想？"

"没什么感想。"女孩回答。

父亲让女儿用手去摸摸土豆,女孩发现,土豆变软了;父亲又让女儿剥开一只鸡蛋,女孩看到的是一个煮熟了的鸡蛋;最后,父亲让女儿品尝香浓的茶。

女孩不解地问父亲:"你想告诉我什么?"

父亲解释说,这3样东西面临同样的逆境——沸腾的开水,但"反应"却不相同。

土豆开始时是强壮的,结实的,毫不示弱,但进入开水之后,它变软了;鸡蛋原本是易碎的,但是经开水一煮,它的身体变硬了;而茶叶则最独特,进入沸水之后,它反倒改变了水,并且在高温下散发出了最佳的香味。

父亲问女孩:"当逆境和压力找上门来时,你会如何反应?你是土豆、鸡蛋还是茶叶?"

2. 主持人说完故事,拿着土豆、鸡蛋和茶叶问大家:"在座的各位,在压力和困境下,你会如何反应呢?你是土豆、鸡蛋还是茶叶?"

☆游戏心理分析

面对压力和困境,你通常会如何反应?你是土豆、鸡蛋还是茶叶?在压力和困境下,茶叶不但适应了环境,还创造性地运用了困境。

不管从事什么工作,压力与困难总是存在的,重要的是你的生活态度。当你看重你的生活时,纵使面对缺乏挑战或毫无乐趣的事情,你也会自动自发地做事,同时为自己的所作所为承担责任。

41. 生命线

☆ **游戏目的**

端正人们的生活态度，让人们对自己的人生重新定位。

☆ **游戏准备**

人数：不限。

时间：不限。

场地：室内。

材料：白纸、红蓝笔。

☆ **游戏步骤**

1. 先把白纸摆好，横放最好。在纸的中部，从左至右画一道横线，长短皆可。然后给这条线加上一个箭头，让它成为一条有方向的线。

2. 在线条的左侧，写上"0"这个数字，在线条右方，箭头旁边，写上你为自己预计的寿数。可以写68，也可以写100。在这条标线的最上方，写上你的名字，再写上"生命线"3个字。

3. 按照你为自己规定的生命长度，找到你目前所在的那个点。比如你打算活75岁，你现在只有25岁，你就在整个线段的1/3处，留下一个标志。之后，请在你的标志的左边，即代表着过去岁月的那部分，把对你有着重大影响的事件用笔标出来。比如7岁你上学了，就找到和7岁相对应的位置，填写上学这件事。注意，如果你觉得是件快乐的事，就用鲜艳的笔来写，并要写在生命线的上方。如果你觉得快乐非凡，就把这件事的位置写得更高些。又如，10岁时，你的祖母去世了，她的离世对你造成了极大的创伤，就在生命线10岁的位置下方，用暗淡的颜色把它记录下来。或者，17岁高考失利……你痛苦非凡，就继续在生命线的相应下方留下记载。依此操作，用不同颜色的彩笔和不同位置的高低，记录自己在今天之前的生命历程。

4. 在将来的生涯中，还有挫折和困难，比如父母的逝去，比如孩子的离家，比如各种意外的发生，不妨一一用黑笔将它们在生命线的下方大略勾勒出来，这样我们的生命线才称得上完整。

5. 看看你亲手写下的这些事件，是位于线的上半部分较多还是下半部分较多？也就是说，是快乐的时候比较多，还是痛苦的时候比较多？如果你觉得目前的状况还好，不妨保持。如果你不甘心，可以尝试变化。

☆ **游戏心理分析**

态度是人们在自身道德观和价值观基础上对事物的评价。积极的生活态度应该是乐观、豁达、向上的生活状态。人们在生活中不管遇到挫折或者磨难，都要积极地面对生活，对自己的人生有一个清晰的规划，这样人们对自己的定位也会更加清晰。

42. 暗中寻宝

☆游戏目的

用游戏的方式展示人们面对黑暗和恐惧时的状态，并提供了应对的方法，锻炼人们的自信心和勇气。

☆游戏准备

人数：不限。

时间：不限。

场地：室内。

材料：眼罩、15～30个糖果或其他小玩意、装糖果的袋子、手表或计时器、哨子或是其他能发出声音的东西。

☆游戏步骤

1. 首先选出4～12个人，两人一组。然后对他们说："认识一下你的搭档，你们中一人为A，另一人为B，指甲较短的或修得较好的为A，然后让他们到屋外等候。

2. 在他们离开后，余下的人迅速行动起来：一半人把糖果分别藏在屋内各处不大好找的地方，另一半人很快地摆好椅子及其他东西作为障碍，但一定要使房间的布置合理。房间布置好了，让B戴上眼罩，然后都进屋。

3. 让A抓着搭档B的胳膊。告诉他们，屋内藏有许多小礼品，他们的工作就是尽可能多地找出小礼品，时间为3分钟。在寻找的整个过程中，每一组的两个人必须一直保持在一起，由B带路，只有B能拾起小礼品，然后递给他的搭档，A不能给予任何暗示，只能用"是"或"不是"来回答B提出的问题，如，"我该向左吗？""如果我再走两步，会撞到东西吗？"其他人可以大声喊，提供一些帮助性建议，告诉他们到哪儿去找。告诉其他人，参加游戏的人会与他们分享战利品。

4. 吹响哨子，开始游戏。

5. 三分钟后，再吹一声哨子，让每个小组数数他们找到的糖果数。

6. 然后开始第二轮，这次，A可以给B任何提示。时间同样是3分钟。

7. 三分钟后，吹响哨子结束游戏，让各组数数找到的糖果数，看看哪组的"战利品"最多，并把糖果与帮助过他们的人一起分享。

☆**游戏心理分析**

恐惧是一种极度紧张的心理状态，伴有明显的生理变化，如面色苍白、呼吸急促、冒虚汗等。情绪是我们每个人不可缺少的生活体验，"人非草木，孰能无情"。我们的情绪在很大程度上受制于我们的信念、思考问题的方式。如果是因为身体的原因而使自己产生不愉快的情绪，则可借助药物来改变身体状况。但我们非理性的思维方式就像我们的坏习惯一样，都具有自我损害的特性，而又难以改变。这正是情绪不易控制的真正原因。找到症结所在，我们才能真正看清自己，才能深刻了解自己。

43. 乐 观

☆ 游戏目的

看看你的乐观程度。

☆ 游戏准备

人数：不限。

时间：不限。

场地：室内。

材料：白纸、笔。

☆ 游戏步骤

参与者会在游戏开始前收到一张白纸，在主持人的提示下，参与者在白纸上针对主持人的问题做出答案，参与者可以用"是"或"否"回答提问者的问题。

1. 如果半夜里听到有人敲门，你会认为那是坏消息，或是有麻烦发生了吗？

2. 你随身带着别针或一根绳子，以防衣服或别的东西裂开了吗？

3. 你跟人打过赌吗？

4. 你曾梦想过中了彩票或继承一大笔遗产吗？

5. 出门的时候，你经常带着一把伞吗？

6. 你会用收入的大部分买保险吗？

7. 度假时你曾经没预订宾馆就出门了吗？

8. 你觉得大部分的人都很诚实吗？

9. 度假时,把家门钥匙托朋友或邻居保管,你会把贵重物品事先锁起来吗?

10. 对于新的计划你总是非常热衷吗?

11. 当朋友表示一定会还时,你会答应借钱给他吗?

12. 大家计划去野餐或烤肉时,如果下雨你仍会按原计划行动吗?

13. 在一般情况下,你信任别人吗?

14. 如果有重要的约会,你会提早出门以防塞车或别的情况发生吗?

15. 每天早上起床时,你会期待美好一天的开始吗?

16. 如果医生叫你做一次身体检查,你会怀疑自己有病吗?

17. 收到意外寄来的包裹时,你会特别开心吗?

18. 你会随心所欲地花钱,等花完以后再发愁吗?

19. 上飞机前你会买保险吗?

20. 你对未来的生活充满希望吗?

回答"是"得1分,答"否"得0分。

0～7分:你是个标准的悲观主义者,总是看到不好的那一面。身为悲观主义者,唯一的好处是你从来不往好处想,所以很少失望。然而以悲观的态度面对人生,却又有太多的不利。你随时会担心失败,因此宁愿不去尝试新的事物,尤其遇到困难时,你的悲观会让你觉得人生更加灰暗。解决这一问题的唯一办法,就是以积极的态度来面对每一件事和每一个人,即使偶尔会感到失望,你仍可以增加信心。

8～14分：你对人生的态度比较正常。不过你可以再乐观些，学会以积极的态度来应付人生的起伏。

15～20分：你是个标准的乐观主义者。你总是看到好的一面，将失望和困难摆到一旁，不过，过分乐观也会使你掉以轻心，这样反而会误事。

☆游戏心理分析

开朗乐观既是一种心理状态，也是一种性格品质。调查显示，开朗乐观的人不仅较为健康（如癌症罹患率明显低于悲观抑郁者），而且婚姻生活较为幸福，事业上也较易获得成功。用乐观的态度对待人生就要微笑着对待生活。无论何时，都不要忘记用自己的微笑看待一切。微笑着，你才能征服纷至沓来的厄运；微笑着，你才能将有利于自己的局面一点点打开。

44. 踩尾巴

☆游戏目的

看看自己的精神状态，以及学会怎么样保持良好的精神状态。

☆游戏准备

人数：5～10人。

时间：不限。

场地：室外。

材料：卷成条的纸，充当尾巴。

☆ **游戏步骤**

1. 在所有参与者的裤腰带上挂上一条用纸做的尾巴，根据各人的身高，纸做的尾巴长短不一，但拴好尾巴后落地部分都是 7 厘米长。

2. 每个人既要保护自己的尾巴不被别人踩断，同时又要用脚踩断他人的尾巴（不许动手）。在踩别人尾巴时，自己的尾巴必然暴露在第三者的面前。

3. 尾巴被踩断者被淘汰出局，最后一位尾巴没有被踩断者为胜。

（由于参与者的快速跑动，拖在地面上的 7 厘米长的纸尾巴会在空中飘舞，并不着地，这给踩尾巴又制造了难题。因此，你要敏捷、机智和勇敢，还需要谨慎。在这种状态下，保持好的精神状态是不被踩到的关键。）

☆ **游戏心理分析**

良好的精神状态是在游戏中取胜的关键。积极的心理状态可以给人积极的暗示，在良好状态的鼓舞下，一个人的士气就会高涨，同时，你的士气也会感染身边的人。相反，一个人的精神状态不好，他的低落情绪也会影响身边的人，使人们的情绪变得低落，这样会影响整个团队的欢乐气氛，也会影响整个团队的工作效率。

45. 善用注意力

☆ **游戏目的**

使人们懂得善用"注意力"的重要性，学会凡事都能够用积极的态度去应对。

☆ **游戏准备**

人数：不限。

时间：5～10分钟。

场地：会议室。

材料：一张数字图幻灯片。

☆ **游戏步骤**

1. 给大家1分钟的时间，寻找屋子里面所有的红色，然后请大家闭上眼睛。

2. 问大家，屋子里的绿色在哪里？黑色在哪里？白色在哪里？黄色在哪里？

3. 通常，大家这时候脑子中是一片红色。

4. 随后，主持人开始游戏意义的引申与提问。

☆ **游戏心理分析**

人在日常生活中免不了会出现好情绪和坏情绪。情绪"病毒"就像瘟疫一样，其传播速度有时要比有形的病毒和细菌的传染还要快。如果不能很好地调节并保持情绪平稳，势必会陷入痛苦的泥潭之中。如何主宰自己的情绪，以下是专家提的几点建议：

第一，尊重规律。我们的情绪与身体内在的"生活节奏"有关。吃的食物、健康水平及精力状况，甚至一天中的不同时段都会影响我们的情绪。因此不同的时段要做不同的事情，比如早晨精力旺盛，可做相对烦琐的工作，而下午不宜处理杂事。

第二，保证睡眠。每天睡眠时间最好保持在 8 小时左右。

第三，亲近自然。

第四，经常运动。

第五，合理饮食。

第六，积极乐观。

46. 趣味记名法

☆游戏目的

增强彼此的认同感。

☆游戏准备

人数：不限。

时间：15 分钟左右。

场地：室外平地。

材料：小皮球（网球）3 个。

☆游戏步骤

1. 将人们分成若干组，每组 15 人。告诉某一个小组成员游戏将从他手里开始。让他喊出自己的名字，然后将手中的球传给右边的队友。接到传球的队友也要喊出自己的名字，然后把球传给自己右边的人。继续下去，直到球又重新回到第一个成员的手中。

2. 改变规则，现在接到球的人必须喊出另一名成员的名字，然后把球扔给该成员。

3. 再加一只球进来，让两个球同时被扔来扔去。

4. 把第三只球加进来，其主要目的是让游戏更加热闹、更加有趣。

5. 游戏结束后，请一名参与者在他的小组内走一圈，报出每个人的名字。

☆游戏心理分析

认同感是群体内的每个成员对外界的一些重大事件与原则问题，有共同的认识与评价，也是人对自我及周围环境有用或有价值的判断和评估。记住别人的名字不仅是对人们的一种尊敬，也是人们交往的前提。人们之间一旦有了认同感，也能拉近心理的距离。增强彼此的认同感不仅增加了人们的认知取向，也增进了人们之间的感情。

47."捧人"赛

☆游戏目的

通过赞美，看看自己的交往能力。

☆游戏准备

人数：不限。

时间：不限。

场地：不限。

材料：不限。

☆游戏步骤

1. 将参与者分为几组，先在组内相互自我介绍：姓名、学校、年龄和爱好等。然后推举一位代表，将组内每一位的情况向组外人做完整介绍，还可加上自己的评价（大家可以提问）。

2. 当该组介绍完，其他组各选一位代表对该组的介绍进行夸奖。如该组成员都很年轻，非常有朝气；或者该组成员看来经验很丰富；或者该组成员都是女孩子，都很漂亮。以此类推，直到所有组介绍完毕。每组介绍自己的代表和发表评价的代表不能是同一个人。

3. 选出"最佳创意捧人法"和"最厚颜无耻、无聊法"等。

☆游戏心理分析

这个游戏既无伤大雅，又能锻炼与人交往的能力，确实是一个很好玩的游戏。在交际中，赞美别人是一门艺术。"夸人"要分场合和区分对象，熟人之间因为相互了解，赞美之词可以较"露骨"；但只要真诚地去赞扬一个人，对方是能体会到的。不真诚的赞美不仅得不到人们的认可，也不能让人们信服。所以，真诚待人是交际的根本，每个人都要本着诚实的心理，这样他的人际圈才会越来越大。

48. 交换名字

☆ 游戏目的

这是一个增强人们交际能力的游戏。

☆ 游戏准备

人数：10人。

时间：不限。

场地：室内。

材料：无。

☆ 游戏步骤

1. 参与者围成一个圆圈坐着。

2. 围好圆圈后，自己随即更换成右邻者的名字。

3. 以猜拳的方式来决定顺序，然后按顺序来回答问题。

4. 当主持人问及"张三先生，你今天早上几点起床"时，真正的张三不可以回答，而必须由更换成张三的名字的人来回答："嗯，今天早上我7点钟起床！"

5. 当自己该回答时却不回答，不该自己回答时却回答，就要被淘汰。最后剩下的一个人就是胜利者。

☆ 游戏心理分析

交际是人们在社会交往过程中，对社会、对群体、对他人、对自己表现的知觉印象。交换名字可以增加对彼此的印象和认知，这样人们在交际中就可以和对方很好地交流。

49. 始作俑者

☆游戏目的
让人们学会宽容，尤其是在被人误解时。

☆游戏准备
人数：不限。
时间：15分钟。
场地：室内。
材料：无。

☆游戏步骤
1. 让人们站成一个圈。游戏开始时，你任意指向圈中的一个人，手不要放下来。那个人现在要指向圈中的另一个人，那个人再指向另一个人，依次下去。告诉大家，不允许指向已经指着别人的人。游戏这样进行下去，直到每个人都指着某个人，而且没有两个人指向同一个人。然后，大家都把手放下来。

2. 现在，告诉大家，把目光放在刚刚指着的人身上，告诉他们，他们的工作是监督那个人，并且学他的动作。要求人们站着不动，只有当他们刚才所指的人动了，他们才可以动。刚才所指的人做任何动作，例如咳嗽、拉拉手指等，人们都必须立即重复，然后站着不动。

3. 开始游戏，进行大约5分钟，现场可能出现各种小动作。无论什么时候，当有人做了一个动作，这个动作将会被大家传播开。最后，圈里的每个人都会摇着头、摆着胳膊、做着鬼脸、咳嗽、咯咯地笑，像是一群疯子。

4.主持人要求大家找出第一个动的人。

☆游戏心理分析

这个游戏让人们明白，在不知名的状况下，我们很容易误会对方，也很容易被人误解，所以，面对这种状况，我们要端正心态，保持良好的心理状态。拥有健康的心理能使我们更好地面对工作生活中的种种不如意。什么样的人才算是拥有健康心理的人呢？

1.现实态度

一个心理健全的成年人会勇于面对现实，不管现实对他来说是否残忍。

2.独立性

一个头脑健全的人办事凭理智，这种人稳重，并且愿意听从合理建议。在需要时，他能够做出决定，并且乐于承担他的决定可能带来的一切后果。

3.爱别人的能力

一个健康的、成熟的人能够从爱自己的配偶、孩子、亲戚、朋友中得到乐趣。

4.适当地依靠他人

一个成熟的人不但可以爱他人，也乐于接受爱，并适当地依靠他人。

5. 发怒要能自控

任何一个正常的健康人偶尔生生气都是理所当然的,但是他能够把握尺度,不致失去理智。

6. 有长远打算

一个头脑健全的人会为了长远利益而放弃眼前的利益,即使眼前利益有很大的吸引力。

7. 对他人的宽容和谅解

对一个成熟的人来说,这种宽容和谅解不单是对性别不同的人,还应该包括种族、国籍以及文化背景方面与自己不同的人。

8. 不断学习和培养兴趣

不断增长学识和广泛培养兴趣是健康个性的特点。

可以说,很少有人在性格上是完全健康和成熟的,但是我们应该去培养、去完善。

50. 敢于认错

☆游戏目的

使人们能够勇敢地面对错误、承认错误、改正错误。

☆游戏准备

人数:不限。

时间:25分钟。

材料:无。

场地：室内、室外不限（草地最佳）。

☆ **游戏步骤**

1. 全体成员在较空的场地上围成一个圈，约定相应的口令及动作。

2. 当喊"1"时，举右手；喊"2"时，举左手；喊"3"时，抬右脚；喊"4"时，抬左脚；喊"5"时，停止不动。

3. 游戏开始。起初按顺序喊出"1、2、3、4、5"，速度可以慢点，接着逐渐加快速度；然后，不按顺序，任意喊出动作口令，速度也逐渐加快。

4. 如果有人出错了，请他到圈中向大家致歉，说声："对不起，我错了。"然后，归队继续做游戏。

☆ **游戏心理分析**

人们在工作生活中，每日每时都要处理许多大大小小的事情。但是，要么由于经验不足、情势不明，要么有意无意地把事情弄成僵局，甚至招致失败，犯下这样或那样程度不同的过失和错误，害己殃人。

犯错误是可以理解的。对待过失和错误，正确的态度应该是像孔子所言，"过则勿惮改"，就是说要勇于改过。我们需要树立"过则勿惮改"的人生态度。可以说，"闻过则喜，闻过则改"是一种美德，也体现了一个人的胸怀。在职场中，犯了错误我们要勇于承认，并努力改正，这样才能够得到同事、上司的信任，更好地工作。